美丽乡村之村庄设计

罗　凯　著

中国农业出版社
北　京

图书在版编目（CIP）数据

美丽乡村之村庄设计 / 罗凯著. —北京：中国农业出版社，2022.5（2025.1重印）
ISBN 978-7-109-29382-3

Ⅰ.①美…　Ⅱ.①罗…　Ⅲ.①乡村规划－研究－中国
Ⅳ.①TU982.29

中国版本图书馆 CIP 数据核字（2022）第 071559 号

中国农业出版社出版
地址：北京市朝阳区麦子店街 18 号楼
邮编：100125
责任编辑：赵　刚
版式设计：王　晨　　责任校对：沙凯霖
印刷：北京通州皇家印刷厂
版次：2022 年 5 月第 1 版
印次：2025 年 1 月北京第 9 次印刷
发行：新华书店北京发行所
开本：880mm×1230mm　1/32
印张：6
字数：160 千字
定价：28.00 元

前　言 FOREWORD

随着21世纪的到来，农业美学悄然兴起，在实践上探索，在理论上研究。现代农业、生态农业、观光农业、休闲农业、创意农业、旅游农业等的产生与发展，特别是《坚定不移沿着中国特色社会主义道路前进　为全面建设小康社会而奋斗——在中国共产党第十八次全国代表大会上的报告》提出的“大力推进生态文明建设”“努力建设美丽中国”。2013年12月23日至24日召开的中央农村工作会议强调的“中国要强，农业必须强；中国要美，农村必须美；中国要富，农民必须富。”《决胜全面建成小康社会　夺取新时代中国特色社会主义伟大胜利——在中国共产党第十九次全国代表大会上的报告》提出的“为把我国建设成为富强民主文明和谐美丽的社会主义现代化强国而奋斗！”以及建设美丽乡村、美丽田园热潮的掀起，无不透露着人类对美、对农业美的追求，无不预示着美学农业已成为农业发展的一种方向和社会发展的一种需求。

基于此，笔者以1998年底开始的建设雷州半岛南亚热带农业示范区实践为基础，于1999年12月开始从事农业美学的研究、创立及其学科体系的构建。2000年10月在《热带农业科学》2000年第5期发表《建设雷州半岛南亚热带农业示范区中的美学问题探讨》一文。尔后，先后发表相关论文101篇，入选相关学术会议40个，荣获各种学术、科技奖10项；2001年12月拟出以研究农业美学基本问题为主题的《农业美学初探》提纲，2002年8月脱稿，2004年5月内部刊印，2007年6月作为社会主义新农村建设实务丛书之首部，由中国轻工业出版社正式出版，2010 年 10 月荣获湛江市哲学社会科学优秀成果奖著作类二等奖；2015 年 4 月由中国农业出版社出版以研究农业设计为主题的《美丽乡村之农业设计》；2015 年 12 月由西北农林科技大学出版社出版以研究农业美学基本任务为主题的《农业新论》；2017 年 3 月由中国农业出版社出版了以农业旅游为主题的《美丽乡村之农业旅游》；2019 年 1 月由中国农业出版社出版了以农业鉴赏为主题的《美丽乡村之农业鉴赏》。与此同时，提出并完成农业美学学科体系基本框架，即由农业美学、农业新论、美学农业规划、农业设计、农业工具设计、农业技能美学、美学农业技术、美学农业经济、农业音乐、农业文化、村庄设计、农业生活、农业鉴赏、农业旅游和农业美学史组成。

继此，笔者又研究了以村庄设计为主题的《美丽乡村之村庄设计》。但愿它们的研究、出版，能对现代农业、生态农业、观光农业、休闲农业、创意农业、旅游农业等的发展、特别是对美学农业的发展、美丽中国的建设起着指导作用。

现在，《美丽乡村之村庄设计》即将出版了。值此之际，谨对一直以来对农业美学的研究给予关心、爱护、帮助和支持的社会各界人士，特别是对本书的出版给予厚爱的中国农业出版社致以衷心的感谢！

罗　凯

2022 年 1 月 25 日

目　录 CONTENTS

第一章　村庄的现状与未来

笔者于 1999 年 12 月起开始农业美学的研究、创立及其学科体系的构建。农业美学，指的是研究人对农业的审美关系，以及通过农业动植物及其赖以生存和发展的土地、田园、水域和环境，乃至整个农村地区（包括农村地区的道路、城镇、集市、村庄、厂矿和自然环境等）为载体，建设美学农业，既生产农业物质产品，又生产农业审美产品，特别是通过田园景观化、村庄民俗化、自然生态化的实现，促进农业生产和农村经济发展的科学。随着农业美学的发展，势必既催生农业设计，也催生村庄设计。为了研究村庄设计问题，在此，先研究村庄的现状与未来。

第一节　村庄的内涵

村庄，简称“村”，也有叫“庄”“沟”“屯”的，又有叫“那”“麻”“调”的，还有叫“寮”“仔”“埚”的，等等。《现代汉语词典》的定义是：村庄，农民聚居的地方。360 百科的定义是：村庄，人类聚落发展中的一种低级形式，人们主要以农业为主，又称农村或城乡结合地区。

仅从以上定义就可看出：村庄是乡村中的人类聚集群落。就这一点来说，村庄也可看做是自然村，即自然形态的居民聚落。我国的自然村大多都是村民小组，不过，有的较大的自然村，如人口 1 000人左右或以上的自然村，却是村委会，即由若干个村民小组组成的村委会。如广东省徐闻县的龙门村和愚公楼村，都既是自然村，也是村委会；或者可以说，村庄在行政上大多都是村民小组，有的较大的则是村委会。

村民小组不是行政组织。在我国，在土地改革至大跃进以前叫“农业合作社”，在人民公社时期叫“生产队”，在家庭联产承包责任制以后才叫“村民小组”。

笔者这里研究的村庄，就是这种自然形态的自然村。不过，也不完全等同，主要表现在规模上，有的不但大于村民小组规模的自然村，大于村委会规模的自然村，而且大于现有的镇圩；或者可以说，村庄指的是县城（不含县城）以下的乡村地区所存在和表现的人类聚集群落。

厦门市同安区顶村村

可以预言，随着社会的进步，村庄将朝着如下几方面发展：一是规模愈来愈大；二是愈来愈趋行政化；三是愈来愈以文化、经济为中心；四是愈来愈宜居。事实上，这样的村庄已经出现，并将愈来愈多，愈来愈完善。

第二节　村庄的起源

村庄是一种客观存在，是随着社会的发展而逐渐产生、形成的。资料显示，约公元前 7 800 年的约旦河谷那利哥遗址，是迄今发现的世界上最古老的村落。中国目前已知的最早的村落，是河南新郑县裴李岗文化遗址和河北省武安县磁山文化遗址，其年代可上溯至公元前 6 000 年左右。不过，可以肯定地说，这些并不是最早的村庄，因为周口店北京人遗址距今处于 50 万年前到 20 万年前之间。而某种意义上可以说，周口店北京人遗址也是人类的聚集群落。因为它是一个居住过的洞穴，出土有头盖骨 6 具、头骨碎片 12 件、下颌骨 15 件、牙齿 157 枚及断裂的股骨、胫骨等，分属 40 多个男女老幼个体。

然而，周口店北京人遗址也好，约旦河谷那利哥遗址也好，裴李岗文化遗址和磁山文化遗址也好，其揭示的都仅仅是村庄的客观存在，准确地说，是远古的客观存在。那么，这一客观存在是怎样产生、形成的？360 百科是这样解释的：人类在蒙昧时期，以采集现成的天然产物为主要食物，逐水草而居。当种植业和驯养家禽的发展可为人类提供稳定的食物时，人类便逐渐定居，村落由此形成。笔者认为，这一解释有一定的道理，但并不全面。下面就是笔者的观点。

首先，村庄在互依需求的拉动下产生、形成。人，既是自然人，也是社会人。作为自然人，一方面是自然进化的结果，是类猿人进化的结果；另一方面具有健全的身躯、健全的四肢、健全的五官，可以独立地生活和工作。作为社会人，人与人之间是需要互相交流、互相帮助、互相依存的，需要建立这样那样的关系，以求共同存在和发展。一个人单独在一处，连一个说话的人都没有，就会显得很孤独。一块木头，几十斤重，一个人可以扛得起；几百斤重，就要两三个人才能扛得起。种稻的有米吃，但未必有菜吃，要吃菜必须由种菜的提供；种菜的有菜吃，但也未必有米吃，要吃米也必须由种稻的提供。如此等等。

其次，村庄在居住需求的驱动下产生、形成。人们为什么要建房造屋以居住？用叔本华的观点来说，是为了回到人类出生之前的子宫里，因为在那里是舒适的。当然，这仅是一家之言。不过，有一点是可以肯定的，那就是在房屋里居住可以休养生息，消除疲劳，恢复体力，舒服生活。的确，是这样。房屋可以挡风避雨，可以成为比较舒适的空间。众所周知，人类经过一天、甚至半天的劳作之后，往往是疲劳的，是需要休养生息的；如果说一天一晚不休息还能挺得过去的话，那么，连续几天不休息绝大多人就受不了。这样，建房造屋就自然成为一种需求，而理想的形式自然是以聚住的方式建房造屋，既可满足居住需求，也可满足互依需求。人类的这一愿望和行为在原始社会表现得尤为强烈。那时，生产力水平还十分低下，尽管这样，人们还是千方百计地建房造屋。当然，我们现在已几乎不可能亲眼所见，仅能通过资料和电视的媒介来了解。即使这样，我们可以获知，那时的人们抑或选择山洞来居住，抑或搭建十分简陋的房屋。深圳市海上田园旅游发展有限公司打造的海上田园，展现了人类四种古老的居住方式：树居、船居、洞居和穴居。这些让我们看到简陋，更看到人类对居住需求的追求，客观和实在。

再次，村庄在安全需求的引动下产生、形成。按照马斯洛的观点，人类的第一层次需求是生理需求，然后是安全等其他需求。事实上，当安全等问题特别突出的时候，安全等层次的需求往往会提到议事日程上来。最初，人类完全生活于自然中，特别是森林中，不但与自然同在，与森林同在，而且与风雨同在，与禽兽同在，即不时都会遭受风雨和禽兽的侵袭，生命处于极不安全之中。建房造屋，不但可避免风雨的侵袭，而且可抗御禽兽的侵袭。无疑，当这些房屋聚集在一起，形成聚落，群落的力量就形成了。此时，当野兽侵袭时，人们往往不是被动地防御，而是主动地抗击，不但赶走入侵之“敌”，而且杀死入侵之“敌”。《狼图腾》就展现了蒙古民族抗击蒙古草原狼侵袭的生动场面。

最后，村庄在生存需求的推动下产生、形成。人们在生活中总会碰到这样那样的问题，抑或人口拥挤，抑或天灾人祸，抑或其他问题。每当遇到这些问题的时候，为了生存，或者可以说，为了生存得更好，往往选择迁徙，即从此地迁移到彼地，重新落户，建房造屋，开启生活。资料显示，从1368年（洪武元年）开始，到1449年（正统十四年）土木之变以前为止的80多年，明帝国推行移民垦荒政策，前期主要由塞北向华北、江南向临濠移民；中期主要由广东向淮南、各地向南京移民；后期由山西南部向山东西部、山东东部向西部移民。先后移民18.68万户。资料还显示，在明末清初，由于各类瘟疫频发、豪强吞并土地和躲避战乱等原因，流民迁徙不断，而雷州半岛的先民主要就是这一时期的流民，或者可以说，雷州半岛的村庄主要就是产生、形成于这一时期。迈陈镇潭板村隶属于雷州半岛三县之一的徐闻县，其就是由潮汕陈姓人家于清嘉庆年间迁入、繁衍而成；而同样隶属于徐闻县的龙塘镇包宅村，则由北宋著名政治家包拯嫡系子孙包文魁携妻由合肥市肥东县大小包村于16世纪初迁入、繁衍而成。

甘肃省和政县吊滩村

第三节　村庄的现状

村庄从产生、形成至今已有约1万年的历史。在这漫长的岁月里，村庄不断发展，形成今天的模样。

据报道，我国的自然村2005年前有360万个，2017年只剩下261万个。即使这样，其数量也是繁多的，按全国陆地面积960万平方千米算，平均每 3.68 平方千米就有 1 个自然村，若加上那 1 万余个建制镇圩（不含县城），密度就更大了。而城市 2012 年末是 658 个，平均每 14 589.67 平方千米才有 1 个，即使加上那2 000 多个县城，密度仍然很小。一句话，村庄与城市相比，数量显得十分繁多。

我国数量繁多的村庄广泛地分布于各地。从地理位置来说，可以说东、西、南、北、中都有分布，东部的威海、西部的喀什有分布，南部的田独、北部的漠河也有分布，中部就更不用说了；从行政区域来说，只要有乡镇就有村庄，县、市、省就不用说了，即使是 2012 年才成立的我国陆地面积最小且人口最少的地级市——三沙市，也有一个村庄，叫永兴村，有 100 多人；从海拔高度来说，隶属于山东省泰安市岱岳区下港乡木营村的蒿滩市，海拔高度 860 米，60 余户，200 多人，被誉为“中国唯一村辖市、山东海拔最高村”。

第四节　村庄的未来

众所周知，我国自然村 2005 年前有 360 万个，2017 年只剩下 261 万个，并呈继续减少的趋势。那么，在未来，村庄会完全消失吗？或完全城市化，或完全被城市所取代吗？下面的研究表明，村庄在未来不但将继续存在，而且将成为人类与城市并驾齐驱的两个居住、生活空间之一。

一、村庄在未来将继续存在

（一）社会发展的多样性需要村庄在未来继续存在

人类的居住聚集场所主要有两个，一个是城市，另一个就是村庄。无疑，从社会发展的多样性来看，人类居住聚集的场所也会发展，并呈多样的形式。其路径主要有二：一是进一步拓展新的居住聚集场所。村庄不是从来就有的，城市也不是从来就有的。关于村庄的产生和形成，上面已有研究，在此不再重复；在此只谈城市的起源。资料显示，我国古代最早的城市距今约有 3 500 年；西方最早的城市模式——希波丹姆模式——由著名的建筑师希波丹姆于公元前5世纪左右提出。由此可见，随着社会的发展，应该会有新的居住聚集场所出现，或者可以说，人类会拓展出新的居住聚集场所，如地下、水底和太空等。二是发展原有的居住聚集场所，也就是发展城市和村庄。事实上，城市和村庄都在不断地发展中。城市的数量愈来愈多，规模愈来愈大，环境愈来愈宜人，而宜居城市的评选则无不促使着城市理性地、有序地、科学地朝着这一方向发展；村庄的数量是在逐渐减少，但质量却在不断提高，而生态文明村、旅游村庄、美丽乡村的评选则无不促使村庄日益生态化、文明化、旅游化、美丽化。

（二）农业生产的分散性需要村庄在未来继续存在

无疑，随着农业现代化进程的加快，特别是随着生产基地的规模化、经营模式的集约化，农业生产会相对集中，但从主流上来说，农业生产都是分散的，农业生产的分散性无不要求人类居住聚集群落分散其中。

（三）人类生活的丰富性需要村庄在未来继续存在

人类对生命的追求是永无止境的，对生活的追求也是永无止境的。人类对生命的追求也好，对生活的追求也好，应包括居住方式聚集场所在内。人类对居住聚集场所的追求也会朝着多样化的方向发展。人类目前的居住聚集场所主要有两个，一个是城市，一个是村庄，并将会拓展出地下、水底和太空。众所周知，“住”是旅游“六要素”之一。旅游之“住”，就是游客从日常居住聚集场所“住”到旅游目的地，“住”到旅游目的地房屋。旅游目的地，抑或是山水景区，抑或是旅游城市，抑或是其他景区；房屋则大多是宾馆。游客通过旅游之“住”，实现着居住聚集的丰富，体验着居住聚集的情趣。显然，当游客是城镇市民的时候，这时的旅游目的地也许就是村庄了，而居住的房屋则是农家宅，抑或是山水地区的吊脚楼，抑或是辽阔草原的蒙古包。也显然，这些房屋的居住，这些村庄的聚集，无不使游客获得别样的生活感受。如果说山水地区的吊脚楼之居住可形成“天人合一”的观念的话，那么，辽阔草原的蒙古包之居住则可感悟草原文化的形式。

新疆生产建设兵团第十师 181 团某社区

二、村庄将成为人类与城市并驾齐驱的两个居住、生活空间之一

村庄在未来将继续存在，但是，并不是以现在的状况继续存在，而是成为人类与城市并驾齐驱的两个居住、生活空间之一。

（一）村庄与城市本质的一致性意味着它们可成为并驾齐驱的两个居住、生活空间

人类聚集群落由村庄发展到城市，主要基于如下两点：一是人类聚集群落不再依赖于周边的土地及其所发展的农业生产。二是人类的商贸活动需要在市场上交易，在城市中聚集。城市这一人类聚集群落并不是由于不再需要村庄这一人类聚集群落而产生、形成、发展。事实上，从约 3 500 年前我国古代最早的城市诞生以来，从著名的建筑师希波丹姆于公元前 5 世纪左右提出希波丹姆这一城市模式以来，村庄已与城市共存了 3 500 多年了。

（二）村庄与城市存在的特色性意味着它们可成为并驾齐驱的两个居住、生活空间

村庄是一种客观存在，城市也是一种客观存在，并都以人类聚集群落的形式表现着。不过，它们却是两种不同的客观存在，也是

两种不同的人类聚集群落，从而使它们既不可相互取代、又不得不相互依存。

村庄是小巧玲珑的，城市是规模庞大的。我国村庄的规模一般很小，人口100多人、面积不足1平方千米的比比皆是。即使是行政村，也就是既是自然村、也是村委会的村庄，一般也不外乎几百人，或一二千人，有4 000人的就算是大村了。目前，中国最大的村庄叫大长陇村，隶属广东省普宁市军埠镇，人口达4万多人。而城市却很大，动辄人口20万以上，甚至上1 000万。上海市面积6 340平方千米，常住人口2015年末为2 415.27万。即使是县城，面积10平方千米以上、人口近10万的也很普遍。著名的江苏省昆山市，是一个县级市，城区——玉山镇面积118平方千米、人口17.3万。即使是最小的县城——新疆塔什库尔干塔吉克自治县的县城，也就是中国西部最偏远的县城，面积近1平方千米，人口近3 000人，也比一般的村委会大，更不用说与一般的自然村相比了。显然，村庄规模与城市相比显得很小。

村庄是亲近自然的，城市是远离自然的。村庄建于大自然之中，尽管建有建筑、道路，植有树木，养有畜禽，但是，总的来说是亲近自然的。在村庄四周，往往还存在着许多天然的东西，如自然形成的山岭、自然生成的山塘、自然寄存的石头、自然生长的植被和自然生活的动物等，至于原始森林就更不用说。即使是经过人为作用的田园和作物等，往往还具有很强的自然性。城市虽也建于大地上，尽管也植有绿化带，建有湿地园，但是，总的来说却是远离自然的。建筑也好，道路也好，都是水泥、钢筋的混合物，都是完全人化的。即使是绿化带、湿地园，也完全是人工打造的。

村庄是靠血缘聚集的，城市是靠经济聚集的。村庄、也就是自然村往往是一个或多个家族聚居的居民点，往往是一个姓或几个姓，上面提到的大长陇村、包宅村和潭板村就是这样。因此，村庄具有血缘性，或者可以说，是一个以血缘为关系建立起来的人类聚集场所。当然也可以说，全村都是一个或几个先祖繁衍的子孙，只是代数不同、亲疏不同而已，“五百年前是一家”。而城镇不同，聚集、居住、生活的人群来自五湖四海，特别是像深圳、珠海等新兴的移民城市更是这样，或者可以说，城市建立起来的人际关系与血缘几乎无关。那么，联系的纽带是什么？笔者认为，是经济。在城市，房地产商通过建房造屋获得生存和发展之本；居民通过购买房屋而得以居住，通过就业获得生存和发展之本，整个城市通过经济发展而得以存在和发展。

村庄是依托农业的，城市是依托商贸的。在村庄，特别是在规模较大的村庄，如既是自然村、也是村委会的村庄，尽管往往也设有肉档，置有店铺，搭有戏楼，排有菜馆，如此等等，但是，主要以农业为依托、为产业，具体地，以周边的田园及其所从事的农业为依托、为产业。当然，这里的农业不是狭义的，而是广义的，包括种植业、林业、畜牧业、渔业和加工业。事实上，在乡村，往往呈现出“靠海吃海，靠山吃山”的现象；或者可以说，宜农则农、宜林则林、宜牧则牧、宜渔则渔。村庄的这一特点就是村庄分布广泛、规模很小的原因之一。因为村庄里的人群必须以周边的田园为主，周边田园生产的粮食、蔬菜等农产品必须足以满足村庄里的人群的需要。无疑，这主要体现在自给自足的年代。当然，随着土地生产能力的提高和交通工具的进步，这一现象逐渐减弱。城市则不同，尽管在城郊、特别是在城中村也种有蔬菜，植有林果，饲有鸡鹅，养有鱼虾，如此等等，但是，主要却不是农业，而是工业、商业、房产和金融等。上海就是中国的经济、金融、贸易、航运中心，大庆则因石油而成市；或者可以说，城市虽需要蔬菜、水果、鸡鹅和鱼虾等的供给，但并不限于城郊、特别是城中村的供给。

村庄是民俗文化的，城市是现代文化的。由于地理、经济、科技、文化和习惯等原因，特别是由于时间等原因，村庄尽管不断受到现代文明及其文化的影响，但是，主要以传统文化、民俗文化为主，建筑、服装、语言是这样，民风民俗更是这样，而每逢节日庆典、每遇红事白事则将这一存在和表现推向极致，结婚吃槟榔、而不是披婚纱，生日是吃鸡蛋、而不是吃蛋糕，则使这一存在和表现得以具体化。而城市刚好相反，尽管仍在传承和弘扬传统文化、民俗文化，但是，主要以现代文化为主，披上节日盛装的是国庆节、而不是端午节，结婚是披婚纱、而不是吃槟榔，生日是吃蛋糕、而不是吃鸡蛋。当然，春节城乡都是喜气洋洋的，各家各户也都是张贴对联的。

村庄与城市不同，就意味着两者可从不同的方向满足人类的居住、生活需求。如果说到处充溢着田野风光和民俗风情的村庄可满足人类返璞归真、宁静淡泊的居住、生活需求的话，那么，到处洋溢着都市繁华和现代气息的城市则可满足人类崇尚向上、追求卓越的居住、生活需求。

（三）村庄与城市发展的进步性意味着它们可成为并驾齐驱的两个居住、生活空间

一般来说，人们都会认为村庄是落后的，城市才是先进的，甚至认为村庄是脏、乱、差的代名词。的确，在村庄中存在脏、乱、差的现象：房屋矮小、简陋，道路弯曲、泥泞，货物乱堆、乱放，垃圾满地、发臭，等等。

然而，这些并不是村庄固有的，而是由于农业生产力水平和乡村文明程度较低等原因造成的；或者可以说，通过努力，通过建设，这些现象是可以改变的；村庄具有进步性，是可以进步的，是可以成为适合人类居住、生活的空间的。事实证明的确是这样。2000年，海南省开始创建文明生态村的探索，从而拉开文明生态村创建的序幕。文明生态村创建，尽管各地叫法不同，内容不同，形式不同，做法不同，但是，基本的东西是相同的，那就是以物质文明、政治文明和精神文明协调发展为目标，以经济发展、民生建设、精神充实、环境良好为内容，以建设更加适合人类居住和生活的村庄为形式。广东省湛江市掀起“四通五改六进村”为载体的生态文明村建设。“四通”，指的是通路、通电、通邮、通广播电视；“五改”，指的是改水、改厕、改路、改灶、改造住房；“六进村”，指的是党的政策进村、科学技术进村、先进文化进村、优良道德进

村、法制教育进村、卫生习惯进村。2006 年，中央提出建设社会主义新农村“二十字”方针，即“生产发展、生活宽裕、乡风文明、村容整洁、管理民主”。2017 年，中央又提出乡村振兴战略“二十字”总要求，即“产业兴旺、生态宜居、乡风文明、治理有效、生活富裕”。近年，更是在全国各地掀起建设美丽乡村、美丽田园的热潮。目前，不但一座座美丽乡村、一片片美丽田园逐一崛起于祖国大地上，而且出现了不少像海南省槟榔村、广东省湛江市龙门村一样的旅游村。

关于村庄，是这样；关于城市呢？关于城市，在此有两个问题值得注意：一个是，与村庄相比，城市也存在许多不足的地方，如人口膨胀、交通堵塞、空气污染、声音嘈杂等；也可以说，城市也存在落后性。上面提到的上海市，城区人口密度就达到每平方千米 2.3 万人。另一个是，城市也在不断发展着、进步着，存在的问题不断被克服，愈来愈宜居。而宜居城市的评比既是政府的引导，也是市民的期望，更是城市自身建设的要求。

三、特色小镇将成为村庄的一种理想形式

村庄在未来将继续存在，并将成为与城市并驾齐驱的两个人类居住、生活空间之一。那么，其继续存在和发展的模式应该怎样？笔者认为，特色小镇应是一种理想形式。

特色小镇，是近年掀起的一股潮流。2006 年，笔者发表了一篇题为《关于把徐闻县曲界镇建成菠萝文化镇的建议》的论文。这是否是关于特色小镇的最早论文，笔者不得而知，但是，可以肯定地说，这是关于特色小镇的早期论文。

2016—2017 年两年，住建部先后公布两批中国特色小镇名单，共 403 个，其中第一批 127 个，第二批 276 个。特色小镇不是行政区划单元上的一个镇，也不是产业园区的一个区，而是按照创新、协调、绿色、开放、共享发展理念，聚焦信息、经济、环保、健康、旅游、时尚、金融、高端装备等七大新兴产业，融合产业、文化、旅游、社区功能的创新创业发展平台。

特色小镇应该具有如下共性：一是分布于县城（不含县城）以下的广大地区；二是区划单元，但不一定是行政区划单元，往往是某一行政区域中的一部分，或同时涵盖两个或两个以上的行政区域；三是规模较小，一般小于县城，但大于自然村，规划面积3平方千米左右，建设面积1平方千米左右；四是以产业为依托，这里的产业包括所有经济产业和文化产业，甚至包括资源在内，经济产业如农业、工业、商业、金融业等，文化产业如体育、文学、书法、图画、工艺、戏剧、歌舞、影视、报刊等，资源包括名人遗迹、历史事件遗址、自然景观等；五是以文化为灵魂，即小镇以当地最具典型性、代表性的文化为主题，并将其贯穿到整个小镇所有或主要项目中去；六是作为主题的文化往往应与所依托的产业相一致，如当依托的产业为农业时，其主题文化就应该是农业文化，当依托的产业为体育时，其主题文化应该是体育文化，当依托的产业为名人遗迹时，其主题文化应该是名人文化；七是通讯、文化、生活设施配套，交通方便、电信发达、文化多样、休闲娱乐、居住舒适、商贸活跃，如此等等；八是环境优美，绿化、净化、美化、亮化。

贵州省黄果树县滑石哨村

显然，特色小镇不限于农业，不限于村庄。但是，作为村庄，却应该朝着特色小镇的方向发展。主要基于如下：

一是建设特色小镇，可扩大村庄的规模。上面提到，特色小镇的规模一般小于县城、大于自然村，因此，建设特色小镇，就可使村庄的规模扩大。中国首批特色小镇之一浙江省杭州市相庐县分水镇，辖2个社区、26个行政村，面积299.37平方千米，人口7.6万。

二是建设特色小镇，可拓展村庄的功能。一直以来，村庄的主要功能都是居住，尽管也设有铺子，开有肉档、饭店，但是，其规模往往很小，几乎可以忽略不计。建设特色小镇，村庄的功能就不会再仅仅局限于居住，而往往还会拓展商业功能、工业功能、休闲功能，设置商业区、工业区、休闲区等。分水镇的2个社区已彰显了这一点。

三是建设特色小镇，可增强产业的活力。对村庄来说，其产业虽然也有工业等产业，但主要却是农业产业。所谓农业产业，就是种植业、林业、畜牧业和渔业。当然，对某一具体来说，往往是有所侧重的。就上面提到的曲界镇来说，其主要的产业就是菠萝产业。这样，当将其作为特色小镇来建设的时候，自然就应该强化菠萝产业，凸显菠萝特色。事实上就是这样，该镇正在打造"菠萝的海"这一旅游景区，既在生产菠萝这一农业物质产品，也在生产"菠萝的海"这一农业审美产品。

四是建设特色小镇，可凸显文化的特色。从某种意义上可以说，所谓特色，主要就是文化特色。那么，什么是文化特色？对村庄来说，对以村庄为基础打造的特色小镇，就是以当地最具典型性、代表性的文化作为特色小镇的主题，并有机地融入其所有建设项目或主要建设项目之中，从而使其凸显具有地方性、典型性、代表性之文化，成为富有特色、不可取代的特色。一般来说，这里的文化主要包括产业文化、特产文化、生态文化、建筑文化、历史文化、名人文化、民俗文化。产业文化，指的是某一产业在形成、发展的过程中淀积、形成的文化；特产文化，指的则是某一特产在长期的生产过程中淀积、形成的文化；生态文化，指的是植被状态好、古树名木多、生态意识强的地区所形成的文化；建筑文化，就是在建筑方面长期淀积、形成的文化；历史文化，则是由于重大历史事件发生和著名历史人物活动而淀积、形成的文化；名人文化，则是由于名人的生活和活动而淀积、形成的文化；民俗文化，是指人们的衣、食、住、行等生活方式在一定的地理、气候、文化和经济等因素的长期作用下，而淀积、形成的文化。同如曲界镇，菠萝既是其传统产业，也是其主导产业，还是其品牌产业，淀积、形成着浓厚、独一无二的菠萝文化。这样，在打造特色小镇时，将菠萝文化有机地融入进去，就会成为处处洋溢着菠萝文化的菠萝文化小镇。

五是建设特色小镇，可提升居住的舒适度。建设特色小镇，不但扩大村庄的规模，拓展村庄的功能，增强产业的活力，凸显文化的特色，而且配套通讯、文化、生活设施，使交通方便、电信发达、文化多样、休闲娱乐、居住舒适、商贸活跃；植树种草、卫生清洁、装饰设施、优化环境，实现绿化、净化、美化、亮化。这样，特色小镇不但比原来的村庄更宜居，而且其宜居性往往不逊色于宜居城市，往往还会由于其特色性而更加宜居，更具情趣。河北省馆陶县粮画小镇就是这样，以寿东村为基础来打造，以粮食画为特色，2015 年获中国十大最美乡村称号。

六是建设特色小镇，可拉动乡村的旅游。村庄一直都是村民居住、生活的地方，也曾是脏、乱、差的代名词。但是，随着特色小镇的建设，不但愈来愈宜居，愈来愈绿化、净化、美化、亮化，而且愈来愈凸显特色，愈来愈成为城镇市民的旅游目的地。上面提到的粮画小镇，建有粮食画生产基地，建有粮食画展厅、加工车间、粮画体验厅、五谷餐厅等一条龙生产、包装、体验设施，建有栩栩如生的粮画胡同、地道韵味的农家院、闲情逸致的荷塘、典雅精致的咖啡屋、粮画姑娘、电影院，建有艺术范儿的葫芦画展厅、麦秸画展厅、蛋雕工作室，生产与审美结合，传统与时尚交融，乡村风情与城市品质融合，每日吸引着游客 500 余人，最多时达 2 000 余人，成为名副其实的旅游村。

第二章　村庄设计的基本问题

村庄是存在的，村庄在未来也将是继续存在的。然而，要使这一存在符合村庄发展的客观规律，符合社会进步的客观要求，符合人类居住的客观追求，必须进行设计，必须进行科学的设计。

第一节　村庄设计的内涵与特征

要设计村庄，必须了解什么是村庄设计；要了解村庄设计，又必须了解什么是设计。

一、设计的本质

《现代汉语词典》对“设计”一词的定义是：在正式做某项工作之前，根据一定的目的要求，预先制定方法、图样等。由此可见，“设计”一词包含三层含义：一是“在正式做某项工作之前”；二是“根据一定的目的要求”；三是“预先制定方法、图样等”。

建设楼房，建前，根据居住需求，设计楼房款式、布局、结构，计划所用砖块、水泥、灰沙、钢筋等建筑材料，谋划建设资金筹集、建筑材料运载、施工队伍落实、工程施工组织、工程质量控制等。这是设计。

外出旅游，行前，根据旅游需求，针对旅游目的，进行思考、计划，考虑旅游的景点、线路、方式、饮食、居住、交通、购物、用品、时间和费用等问题，并进行相应的准备。这也是设计。

撰写文章，写前，根据写作目的，思考问题，拟定题目，编写提纲，制定材料的搜集对象、途径和方法，等等。这同样是设计。

事实上，人类的一切意识行为及其结果都可以说是设计出来的。因为人类的一切意识行为及其结果都有“之前”，都有“目的”，都有围绕“目的”所进行的“准备”“打算”“计划”等“内容”。

二、村庄设计的内涵

人类的一切意识行为及其结果当然包括村庄建设，即村庄设计是存在的、必要的。

从设计的本质出发，村庄设计应该是为了满足人类的聚集居住、生活需求，而对村庄中的住宅、庭院、道路、树木、设施、卫生和文化等各种构成要素的个体建设及其总体布局、合理组合进行的设计。

同样从设计的本质出发，设计都是进行于意识行为及其结果“之前”。不过，对村庄来说，所进行的设计除个别的是对新村庄进行“之前”设计外，绝大多数都是对老村庄的改造设计。我国目前尚有 270 万个村庄，并呈逐渐减少的趋势。因此，村庄设计主要就是对这 270 万个村庄中在将来继续存在或以合并的形式继续存在的村庄进行改造设计，当然也存在对新建村庄进行设计。一句话，村庄设计主要是“进行时”设计。

村庄设计的“目的”是为了满足人类的聚集居住、生活需求，即包括四个要素：一是人类；二是聚集；三是居住；四是生活。“人类”这一要素表明的是：设计为的是人类，尽管村庄中往往也设计有养殖牲畜的居住、栖息场所，但主要是为人类服务；“聚集”这一要素表明的则是：设计不是为一户、二户，而是为若干户，并且是聚集在一起的；“居住”这一要素表明的是：设计主要为了居住，为了休养生息，离不开住宅之设计；“生活”这一要素表明的是：设计还为了生活，即除了居住之房屋外，还应有其他能满足生活需求的设施，如休闲、娱乐、购物、文化等设施。

村庄设计的“内容”则是对村庄中的住宅、庭院、道路、树木、设施、卫生和文化等各种构成要素的个体建设及其总体布局、合理组合进行的设计，即包括住宅、庭院、道路、树木、设施、卫生和文化等要素的三个方面：一是个体建设；二是总体布局；三是合理组合。“个体建设”指的是，住宅、庭院、道路、树木、设施、卫生和文化等的设计分别就是设计住宅、庭院、道路、树木、设施、卫生和文化等；“总体布局”指的则是，住宅、庭院、道路、树木、设施、卫生和文化等在村庄中的具体所在；“合理组合”指的却是住宅、庭院、道路、树木、设施、卫生和文化等在村庄中所占份额、距离远近、高低程度、外表色彩等的组合符合规律、富有美感、适合生活。

三、村庄设计的特征

人类的一切意识行为及其结果都是设计出来的，但是，不同的意识行为及其结果却是不同的设计设计出来的。因此，村庄设计具有其固有的特征。

四川省苍溪县文家角村

（一）聚落性与自然性相结合

村庄是人类的居住、生活聚集群落，即使发展成特色小镇，或特色小镇式的村庄，也是这样。这一聚集群落以大自然为载体，直接建于大自然之上。因此，村庄设计必须做到聚落性与自然性相结合。

所谓聚落性，就是村庄不是一户、两户，而是若干户、上十户、上几十户，甚至上百户、上千户聚集居住、生活在一起。值得强调的是，这里的住户既可是单家独院的，也可是多家同楼的，不过，随着村庄的发展，单家独院的所占比例愈来愈小，多家同楼的所占比例愈来愈大。

所谓自然性，则是村庄不但直接建于大自然之上，而且顺应大自然的地形地势、高低凸凹、山坡水域、石头植被等有机地融合进去，形成一个有机的整体，做到不但不破坏自然，而且成为自然的必要补充，实现村庄的自然化，特别是通过村庄建设，使自然由审美客体变成审美对象。

所谓聚落性与自然性相结合，就是村庄以聚集居住、生活的方式建设于大自然之中，并做到有机化、整体化、自然化、美学化。元阳哈尼族梯田就是这样，通过江河、梯田、村寨、森林的有机组合，构成四度同构的统一体，形成美轮美奂的梯田景观，成为吸引游客的旅游旺地。可以说，在这里，若缺少村寨，绝对没有这么迷人。

城市也是人类的居住、生活聚集群落，也是建于大自然之上，但是，由于建设规模大，加上聚集密度大，对自然的改造也大，尽管有的也强调建设山水城市，也植树造林，保护生态，但是，总的来说更显人为性，自然性显得很弱，或者可以说，相比于村庄，城市的聚落性更强，自然性较弱，聚落性与自然性统一得不够好。

（二）个体性与整体性相结合

大凡村庄都由一座座住宅、一个个庭院、一条条道路、一棵棵树木和一宗宗设施等组合而成，即存在个体与整体问题。因此，村庄设计也必须做到个体性与整体性相结合。

个体性，指的是村庄中的单体物体以个体的形式存在和表现。这些单体物体包括住宅、庭院、道路、树木和设施等。一座住宅、一个庭院、一条道路、一棵树木和一宗设施等都是单体物体，它们都以个体的形式存在和表现。一般来说，完美的个体应物体完整、功能具备、外观美观。住宅，有门有窗，有卧室、客厅、餐厅、厨房、卫生间，能够居住，造型美观；庭院，有树有果，有花有草，有路有巷，能够生活，闲情逸致；道路，底硬面平，宽窄有度，两旁绿化，能够人车出入，休闲情趣；树木，根、茎、枝、杈、叶、花、果一应俱全，形态别致，抑或生果，抑或材积，抑或遮阴，抑或绿化、美化；设施，部件齐全，能够使用，富有美感。

整体性，指的是村庄中的若干个单体物体或所有单体物体以整体的形式存在和表现。整体有三种形式：一是同种类单体物体构成的整体，如住宅与住宅、庭院与庭院、道路与道路、树木与树木、设施与设施等构成的整体；二是同单元中各种单体物体构成的整体，如庭院中住宅、厨房、车库、树木、道路、围墙等构成的整体，又如住宅区中所有住宅、商业区中所有商店、工业区中所有企业等构成的整体；三是村庄中所有单体物体构成的整体，如村庄中所有住宅、庭院、道路、树木和设施等构成的整体。这些整体联系应该是有机的，构成应该是一体的，表现应该是多样的，形象应该是美观的。一条村道的两旁都是种植梧桐，当其品种、植期、长势一致时，其有机的联系体现在村道两旁，一体的构成则体现在村道绿化带，美观的形象却体现在一致的长势，这时，当其他村道两旁分别是石榴和青枣等时，多样的表现就体现了。

个体性与整体性相结合，指的是村庄中的单体物体既以个体的形式存在和表现，又与其他单体物体一起以整体的形式存在和表现。热带庭院中的木菠萝茎、枝、杈、叶、花、果协调一致，硕果累累，与荔枝、龙眼、杨桃、黄皮和石榴等热带水果，与玫瑰花、大红花和长春花等热带花卉，与住宅、厨房和车库等建筑，与道路、小径、围墙等其他物体协调统一，构成热带风情院落，就是木菠萝做到个体性与整体性相结合。苗族地区村庄的吊脚楼依山傍水，高低错落，居住舒适，与其他吊脚楼风格一致，与山水、道路、树木和其他设施等和谐统一，形成苗族村寨风光，则是吊脚楼做到个体性与整体性相结合。

（三）非生命性与生命性相结合

在村庄中，主要构成要素有住宅、庭院、道路、树木和设施等。在这些要素中，住宅、道路和设施是没有生命的，树木则是有生命的；庭院中的围墙和道路是没有生命的，树木和花草则是有生命的。因此，村庄设计还必须做到非生命性与生命性相结合。

非生命性，是指村庄中的非生命体以非生命的形式存在和表现。上面提到，住宅、道路和设施，以及庭院中的围墙和道路等是没有生命的，即这些就是非生命体。作为非生命体，其最大的特点就是凝固的，即当其形成时就固定不变。住宅一旦建成，其大小、高低、造型就不变了，吊脚楼高低错落、一脚“吊”着，蒙古包四周似筒、顶部半球，四合院中轴对称、四周闭合；道路一旦铺就，其长短、宽窄、弯直也就不变了，进村道路往往宽敞、笔直，主干道路往往双车可过，路巷往往窄小、弯曲；如此等等。这样，在设计时就应考虑其坚固性、耐用性，并追求外部形象呈现“凝固的音乐”。

生命性，则指村庄中的生命体以生命的形式存在和表现。在村庄中，生命体主要是树木和花草，当然包括自然生长的和人工种植的，包括庭院的、路旁的、村中的、周边的。作为生命体，其最大的特点则是生命的、变化的。无疑，通过修剪等物理技术可使树木和花草的大小、高矮、造型等相对固定，但是，其每时每刻仍在生长发育着，仍在运动变化着。就外部来说，根在伸，茎在长，枝在分，叶在发，花在开，果在结；就内部来说，水肥在吸收，营养在输送，细胞在分裂，物质在合成。至于那些任其自然生长的树木和花草就更不用说了，年前还是幼苗一株，年末就是成树一棵。这样，在设计时则应考虑其动态性、变化性，并追求外部形象呈现“生命的音乐”。

非生命性与生命性相结合，指村庄既以非生命的形式、也以生命的形式存在和表现，并通过两者的有机融合，使村庄这一凝固的音乐呈现生命的活力。住宅是没有生命的，其美观的造型固然可以彰显其价值，但要使其富有生机、富有活力还需借助四周树木来彰显。诚然，当四周种植着树木的时候，站在较远的地方，的确无法欣赏住宅的全貌，但是，四周树木的绿叶、红花、黄果，再加上那婀娜多姿的造型，却又使住宅呈现出旺盛的生命力。道路也是没有生命的，其宽敞、平实的路面的确利于人车出入。不过，若两旁没有树木、花草，行走其上是不会有情趣的。若两旁植有树木、花草，特别是层次分明、错落有序、富有韵律的时候，行走其上则自然情趣油然而生。

（四）硬件性与软件性相结合

关于村庄的构成要素上面已提到，不过，值得注意的是，在这些要素中，住宅、庭院、道路、树木和设施等以“硬”的形式存在和表现，卫生和文化等则以“软”的形式存在和表现。如果说以“硬”的形式存在和表现的要素可看作硬件的话，那么，以“软”的形式存在和表现的要素则可看作软件。在村庄设计中，做到硬件性与软件性相结合就显得必要了。

硬件性，指的自然是村庄以住宅、庭院、道路、树木和设施等“硬”件的形式存在和表现。住宅、庭院、道路、树木和设施等都是实在之物，有形状、大小、高低、轻重、肌理和色彩等存在和表现的形式，可看、可触、可摸。这样，在设计的时候，就应该使形状、大小、高低、轻重、肌理和色彩等要素有机地组合，使其在功能上可使用，在使用上见舒适，在外观上有美感，做到内容与形式统一。形式是内容的外在表现，内容是形式的存在条件。住宅就是住宅，庭院就是庭院，道路就是道路，树木就是树木，设施就是设施。

软件性，指的自然则是村庄以卫生和文化等“软”件的形式存在和表现。卫生和文化都是非物质性的，没有形状、大小、高低、轻重、肌理和色彩等，但是，可以物化，并可通过物化之载体存在和表现。卫生，通过乡规民约的制定来约束，通过垃圾桶的使用来处理，通过道路、活动场所、庭院的清洁和窗明几净来表现。民间文学、故事、谚语等，以口头的形式表达，以口传的形式流传；民间歌舞、技艺等，以表演的形式表达，以授徒的形式传承；民风、民俗等，以生活的形式表达，以渲染的形式延续；如此等等。这些同时又都能以文字、图案的形式来表现，或者可以说，这一形式愈来愈普及、愈来愈规范，成为文化设计的主要内容和方向。被国务院于 2011 年批准列入第三批国家级非物质文化遗产名录的《黑暗传》，一直都以口头和手抄本的形式流传于神农架一带，直到 1984 年才由神农架林区文化干部胡崇峻发现。通过他的搜集、整理，于 1992 年首次发表于神农文化研究会主办的《神农文荟》杂志创刊号，于 2002 年 4 月由长江文艺出版社正式出版。《黑暗传》的发现、整理、出版，结束了“汉民族无史诗”的历史，使中国无愧于世界四大文明古国，使中国的创世史诗能与巴比伦的《埃努玛·埃立升》、埃及的《伊希斯和俄塞里斯》、印度的《罗摩衍那》和古希腊的《伊利昂记》相提并论，并与藏族的《格萨尔王传》、蒙古族的《江格尔》和柯尔克孜族的《玛纳斯》等一起构成中华民族的创世史诗体系。

硬件性与软件性相结合，指的自然是村庄既以“硬”件的形式存在和表现，也以“软”件的形式存在和表现，做到“硬”中有“软”，“软”中有“硬”。住宅、庭院、道路、树木和设施等是“硬”的，但必须存在和表现文化这一“软”的形式，才富有内涵，才富有美感。卫生和文化等则是“软”的，但也必须赖以“硬”的载体才能很好地存在和表现。《黑暗传》是汉族的创世史诗，但是若再继续以口传或手抄的形式存在和表现就会失传，就会消失。不过，通过胡崇竣的发现、整理和出版，已以书籍的形式存在和表现了，已能永立于汉民族之林，永立于中华民族之林，永立于人类世界之林。

（五）居住性与生活性相结合

从村庄的定义可知，村庄是人类在乡村中的居住、生活聚集群落。这自然意味着，村庄既用来居住，也用来生活。无疑，相对于居住来说，生活是一个更广的概念，生活包含居住在内。生活的基本内容是食、穿、住、行。这样，在村庄设计中，做到居住性与生活性相结合就不仅是必要的问题，而还是自然的问题。

居住性，自然指的是村庄可以用来居住。居住，是睡眠，是休养生息，当然还有其他，不过，这却是基本的；或者可以说，适合睡眠，适合休养生息，是对居住的基本要求。作为居住，住宅是主要的，床是主要的。床，干净而舒适，给睡眠之身躯以舒服感；住宅，通风透气，采光好，给居住之室以适宜的温、光、水、气、热，以舒适的空间。当然，这也就是对居住设计的基本要求。

生活性，自然指的则是村庄可以用来生活。上面提到，食、穿、住、行是生活的基本内容。住，就不说了；食，就是吃饭；穿，就是穿衣；行，就是行走。这样，作为住宅，除了可用来睡觉的床外，还应有可用来坐的椅，可用来洗澡的卫生间，可用来吃饭的碗、筷，可用来放置衣服的衣柜，可用来欣赏的电视，等等；作为庭院，应有可采摘的水果，可乘凉的树木，可观赏的花草，可走动的小径；作为村庄，除了住宅和庭院，还应有可出入的道路，可绿化、美化环境的树木，可购物的商场，可品尝的食店，可娱乐的设施，可阅读的书屋，等等。当然，这同样是对生活设计的基本要求。

居住性与生活性相结合，自然指的是村庄既是居住的聚集群落，也是生活的聚集群落，更是可以居住的生活聚集群落。可以说，过去的村庄侧重于居住性，生活性较弱。随着社会的发展，村庄的生活性将逐渐得到增强，愈来愈像城市那样，生活功能配套、齐全，成为理想的生活空间之一。无疑，特色小镇体现了这一点。如果说河北省馆陶县寿东村可算是传统意义的村庄的话，那么，由其演变而成的粮画小镇则可算是富有特色小镇意义的村庄。其实，这也可以说是村庄设计的目的。

第二节 村庄设计的必要与意义

村庄是人类在乡村中的居住、生活聚集群落。要使这一群落符合人类的居住、生活需求，自然就需要设计。

一、村庄的宜居性需要设计

人类的追求是永不止境的，对村庄，或者可以说，对聚集居住、生活的追求也是一样。村庄的不断发展、演变标志着这一点。当然，仅仅满足居住、生活功能并不是人类对村庄、对聚集居住、生活追求的终极目标。那么，什么才是终极目标？显然，终极目标不可能定量，只能定性，那就是宜居性。

首先，应有利于休养生息。人类活动的空间可分为两个：一个是生活与活动空间，另一个是工作空间，村庄自然应是人类生活与活动空间之一。作为生活与活动空间，从宜居的角度来说，首先自然应有利于休养生息。因为这是人类生活与活动的最基本要求。所谓休养生息，主要就是以睡觉、小憩、吃饭、娱乐的形式，实现消除疲劳、恢复体力、增强活力的过程。这样，就自然要求村庄必须建设有可以睡觉、小憩、吃饭、娱乐的设施。显然，住宅和床是最基本的睡觉设施，椅和凳是最基本的小憩设施，厨房和饭桌是最基本的吃饭设施，麻将和扑克是最基本的娱乐设施。事实上，在目前，在乡村，基本上都建设有这些设施；或者可以说，村庄都适合人类的休养生息。

其次，有利于健康长寿。健康长寿是人类生命生理追求的终极目标，也是值得每一个人追求的目标。随着生活水平的提高，人类愈来愈追求健康长寿。这样，作为人类居住的聚集群落，就不但要有利于人类的休养生息，而且要有利于健康长寿，即应该拥有有利于健康长寿的因素。无疑，空气清新应是健康长寿所要求的要素之一，因此，就要求村庄起码清洁、卫生、无污染。也无疑，哑铃、保龄球和健身球等则是健康长寿所要求的保健器材，因此，则要求有条件的村庄应该装置保健器材。当然，还有许多与健康长寿有关的其他要素和设施。

再次，有利于生活情趣。人类不仅需要休养生息，需要健康长寿，而且需要生活情趣，也就是需要讲究生活质量。这样，在村庄设计上，还必须体现生活情趣，或者可以说，设计能够形成生活情趣的东西。显然，要做到这一点，关键在于生活设施情趣化和设计内容情趣化。所谓生活设施情趣化，就是建筑、道路、树木和床、椅、凳、碗、盆、筷等设施做到在功能上实用、造型上美观、使用上舒适。就住宅来说，就是在功能上能挡风避雨、休养生息；在造型上讲究款式，具有美感；在使用上能够给人居住以舒服的感觉，结构合理，设施配套，装饰讲究，干净卫生，四季如春。苗族地区的吊脚楼就富有山水情调。所谓设计内容情趣化，则是在村庄设计、建设文化体育类的设施，如文化馆、篮球场、休闲广场、祠堂、土地庙、戏楼等。如果说文化馆可为村民提供品读情趣的空间和对象的话，那么，篮球场则可为村民提供竞技情趣的场所和项目。

最后，有利于生命张扬。人类生活的意义在于生命的阐释、张扬，而每一空间都会成为生命阐释、张扬的载体，而理想的空间则有利于生命的阐释、张扬。作为人类居住的聚集群落，从有利生命的阐释、张扬的角度出发，应该是不同于工作空间的空间，即人们在这一空间所从事的是生活、居住，而不是生产、工作。都是种植苹果，在村庄这一空间，或在生活、居住这一空间，种植的是盆景苹果，表现的是侍弄、观赏、品读；在田园这一空间，或在生产、工作这一空间，种植的是园栽苹果，表现的是中耕、除草、施肥。同时，也应该是不同于城市空间的空间，即人们所居住、生活的这一空间具有田园性，不但以乡村、田园为载体，而且与乡村、田园融为一个有机的整体，田园及其上的农作物和自然及其上的山岭、石头、水域、植被好似村庄的景观，宛如生活的环境。此时此刻，人类生命往往融入田园、自然之中，在田园、自然之中阐释、张扬。

显然，要使村庄做到宜居，就要进行设计，就要围绕以上“四个有利于”进行设计，设计住宅、庭院、道路、树木和设施等，使其成为宜居的住宅、宜居的庭院、宜居的道路、宜居的树木和宜居的设施，并组合形成宜居的村庄。

云南省巍山县东莲花村

二、村庄的发展性需要设计

城市也是人类聚集居住、生活群落，但是，最典型的却是住宅小区。不过，住宅小区有一个特点，就是一旦建成就几乎不再变化，住宅是这样，道路、树木也是这样，其他设施同样是这样。唯一有变化的是建筑变旧，树木变老。

村庄则不同，是不断发展的，最初往往都是一户、两户，然后，逐渐发展成三户、四户，十户、八户，再发展成上十户、上百户。广东省普宁市大长陇村就是这样。于元代至正年间（公元1341—1368），由陈秋月从福建莆田中转至潮汕东南沿海一带开基创建，经过近680年的历史，逐渐发展成全国最大的村庄，准确地说，是全国最大的自然村形态的村委会，人口达4万多人。

当然，这仅是村庄在规模上的发展。事实上，村庄的发展还表现在内涵上、宜居上，也就是从不太宜居变成愈来愈宜居，从不太适宜人类聚集居住、生活变成愈来愈适宜人类聚集居住、生活。上面提到的华西村，位于江苏省江阴市华士镇，建于1961年，原为偏处一隅、名不见经传的普通小村落。20世纪六七十年代，以革命加拼命的精神，改变生产面貌，夺得粮食连年高产。1978年后仍坚持统一经营，走共同富裕的道路。从2001年开始，通过“一分五统”的方式，帮带周边20个村共同发展，建成一个“有青山、有湖面、有高速公路、有航道、有隧道、有直升机场”的美丽乡村，成为名副其实的“天下第一村”，吸引了来自五大洲的朋友，已有109个国家和地区的宾客到华西访问、旅游，园内游客更是成千上万，门票卖到60元一张。

显然，村庄的发展需要设计，需要在原基础上设计，设计其规模的扩大、四至的伸展、布局的重构，设计其内涵的丰富、品位的提升、宜居的建设，使其成为发展了的人类聚集居住、生活群落，成为与发展相一致的人类聚集居住、生活群落。

三、村庄的和谐性需要设计

村庄总是存在于一定的空间之中。在这一定的空间中，往往还有田园、自然和其他村庄。通过上面所提到的大长陇村，就可看到其具体所存在的空间；当然，通过其他村庄，也可看到其具体所存在的相应空间。这样，就存在村庄与田园、自然和其他村庄的共存问题。无疑，和谐地共存是其存在的理想的形式，也是其应追求的目标。

所谓和谐，就是村庄与田园、自然和其他村庄之间不但互相依存，而且互相促进，村庄的存在不应成为田园、自然和其他村庄存在和发展的障碍和阻力。具体表现在：

村庄与田园。田园是村庄依托的产业之载体，产业之发展足以满足村庄的存在和发展的要求。当然，村庄的存在和发展的要求往往不仅仅限于田园支撑的产业。同时，村庄聚集居住、生活的人群使田园发展成产业，发展成足以体现其价值的产业。村庄与田园的互依互促关系之体现莫过于时下兴起的“一村一品，一镇一业”。乡村通过发展“一品”“一业”求生存、求发展、显特色；“一品”“一业”通过乡村的发展得以生存、得以发展、显出特色。所谓“一村一品，一镇一业”，就是村庄主要发展其最具特色的一种作物，乡镇主要发展其最具特色的一种产业。例如，菠萝产地的村庄应着力于发展菠萝这一作物生产，广东省徐闻县曲界镇愚公楼村主要就是发展菠萝生产；菠萝产业的乡镇则应着力于发展菠萝这一产业，既搞菠萝种植，也搞菠萝加工，又搞菠萝流通，还搞菠萝旅游。

村庄与自然。自然是村庄的生态屏障，其存在着的山岭、寄存着的石头、形成着的水域、生长着的植被和生活着的动物，不但记录着村庄的变迁，而且维护着村庄区域的生态链条，活跃着村庄环境的原生氛围。同时，村庄的存在和发展使自然充满生命的活力，使自然在人为科学、合理的调控下演绎着理性的进化。村庄与自然之和谐主要应体现在两点：一是村庄依地形、顺地势建设，在建设中尽可能少破坏自然；二是自然得到有效的保护，特别是具有典型性、代表性的自然设区保护。上面提到的元阳哈尼族梯田地区的村庄就是这样，村庄镶嵌在半山腰，与山岭有机地融合着，与江河、田园和森林一起构成四度同构的综合体；同时，景区建有一个占地 16 000 多公顷的省级自然保护区，保护着国家一级保护动物蜂猴、黑熊等动物和一级保护植物长蕊木兰、桫椤等植物。

村庄与其他村庄。这是同类事物的并存和发展问题。作为和谐，其关键是存在和发展空间的足够和各显特色、相互衬托、相映成趣。发展空间的足够主要表现在村庄及其周边的村庄产业所依托的田园在面积上适当，也就是村庄之间的距离远近恰到好处。各显特色、相互衬托、相映成趣主要表现在村庄及其周边的村庄都能根据各自的特点，在产业上、文化上既错开发展，又互依互促，构成一个有机的整体。南京市江宁区在休闲农业“五朵金花”示范村建设中，选择、打造了谷里“世凹桃源”、横溪“石塘人家”、江宁“朱门农家”、“汤山七坊”和“东山香樟园”。“世凹桃源”主打春牛首文化和佛教文化两张名片，打造以“宗教文化品质游”为特色的高品质农家乐示范村；“石塘人家”充分依托“石塘竹海”的秀美风景和前石塘村成熟的旅游资源，打造以“山居静心享乐游”为特色的山水乡村；“汤山七坊”深度挖掘“七坊”传统民间工艺和历史传说遗迹，独树以“农耕文化体验游”为特色的农俗体验示范村；“朱门农家”注重发挥直山、和平湖山水相融的生态景观，打造以“淳朴田园风情游”为特色的美丽山村；“东山香樟园”凭借源远流长的秦淮水文化和独树一帜的百亩香樟大树园，打造以“绿色家园休闲游”为特色的城郊农家乐示范村。

显然，在村庄设计中，就要考虑其与田园、自然和其他村庄的关系，做到和谐相处，使它们既能各自发展，又能通过之间的互依互促同步发展、共同发展，形成一个充满活力的乡村共同体。

第三节 村庄设计的存在和发展

村庄设计存在于村庄产生、形成之时，并随着村庄的发展而发展。那么，它是怎么样一种存在，又是怎么样一种发展？

一、以满足生理需求为主要目的的村庄设计

村庄是人类的居住、生活聚集，从生理需求的角度来说，就是以聚集的方式，实现休养生息、安全保障的目的。

最初的村庄就是这样。杂草可当床，树叶可当遮体，杂草加树叶就可形成一个休养生息的地方。显然，这样的地方不安全，不用说虎、豹等野兽的侵袭不可挡，就是大雨、大风等灾害都防不了。山洞就比较安全，只要在洞口堵上木料、石料等物体，虎、豹等野兽就进不来，大雨、大风等灾害也能预防。进一步的情形就大大不同了。随着土墙茅顶、特别是石墙茅顶的房屋的出现和普及，村庄不但休养生息效果好，而且安全有了保障。在墙体的面前，虎、豹等野兽只能是却步，大雨、大风等灾害也能预防了。

基于这样的目的，村庄设计就比较简单。需要考虑的主要是可以居住的房屋，当然，也可以说是具有休养生息、安全保障功能的房屋，至于房屋的用料则不大讲究，款式也不大讲究，能挡风避雨、抵御野兽就行；至于村庄中的道路、树木和设施更不讲究，道路往往是人走多了形成的，树木往往则是自然生长的，设施往往却仅仅限于水井之类，有的甚至干脆将村庄附近的山塘之水作为食用水。这样的村庄在那些偏远、落后的地区仍然存在。纯阳

山村，堪称中国最穷的山村之一，隶属湖北省麻城市福田河镇，无路、无电，要想买东西必须步行小半天，2016 年人均收入不到 500 元。

二、以满足生活需求为主要目的的村庄设计

如果说满足生理需求是人类居住、生活聚集第一层次需求的话，那么，满足生活需求则是第二层次需求；或者可以说，随着第一层次需求的满足，人类自然追求第二层次的需求。事实上，作为人类居住、生活聚集的村庄，生活应是基本的。

众所周知，吃、穿、住、行是生活的基本内容。吃，就是吃饭，就是通过食用饭菜，以满足淀粉、脂肪和蛋白质等营养需求；穿，就是穿衣，就是通过穿着衣服，以满足保暖和装饰身体的需求；住，就是居住，就是通过居住房屋，以满足休养生息的需求；行，就是行走，就是通过双脚行走，以满足身体位移的需求。

作为以满足生活需求为主要目的的村庄，自然应具备吃、穿、住、行的基本功能，也就是建设具备这些功能的设施。值得强调的是，此时的村庄仅考虑功能的具备，也就是吃、穿、住、行这些基本生活功能的具备，即碗筷能吃饭即可，衣柜能放衣即可，房屋能居住即可，道路能行走即可。就这来说，作为以满足生活需求为主要目的的村庄，与作为以满足生理需求为主要的目的的村庄并没有多大的区别，房屋也许都是土墙茅顶或石墙茅顶的。不过，不同还是存在，那就是设施的多样、功能的全面。尽管都是土墙茅顶或石墙茅顶的房屋，除了床，往往还有柜、凳、椅等。

因此，在村庄设计中，当以满足生活需求为主要目的的时候，就应该围绕吃、穿、住、行这几个生活的基本方面，进行设计，使其建有“吃”的设施、“穿”的设施、“住”的设施和“行”的设施，并具备相应的功能，以满足生活各方面的需求。客观上说，我国的村庄在 21 世纪之前几乎都处于这一层面上，即使是现在，大多数村庄仍处于这一层面上。

三、以满足审美需求为主要目的的村庄设计

如果说满足生理需求、生活需求分别是人类居住、生活聚集第一、二层次需求的话，那么，满足审美需求就应是第三层次需求；随着第一、二层次需求的满足，人类自然则追求第三层次的需求。事实上，人类已在自觉不自觉中追求这一层次的居住、生活聚集。

显然，要满足审美需求，必须具备审美性。那么，什么是审美性？所谓审美性，就是村庄及其住宅、庭院、道路、树木和设施等各种构成要素在个体上和整体上都做到在功能上可使用，在外观上可愉悦，在使用上可舒适，能满足人们的审美需求。就住宅来说，有墙有顶，有门有窗，有床有椅，就是功能上可使用；造型讲究，门窗别致，床椅有款，则是外观上可愉悦；室内空间宽敞，门窗开关方便，床椅适合人体，则是使用上可舒适。这些都具备，住宅自然就具备审美性了，就能满足人们的审美需求了。

村庄的审美性，并不仅仅限于基本生活设施，不限于吃、穿、住、行设施，而还应增加完全为了审美、娱乐、情趣的设施，如雕像、亭子、花草、小径和休闲广场等。若从设施的类型来说，这就是作为以满足审美需求为主的村庄与作为以满足生活需求为主的村庄的最大区别。

作为以满足审美需求为主要目的的村庄设计，应着力于两方面：一是村庄各构成要素的个体和整体美化；二是适当增加审美、娱乐、情趣设施。目前，生态文明村、特别是美丽乡村都基本做到这两点，或朝着这一方向努力。在“天下第一村”——华西村，有两个地标性建筑，一个是华西金塔，七级十七层，高 98 米；一个是黄金酒店，74 层，高 328 米。如果说黄金酒店还有作为酒店这一实用功能的话，那么，华西金塔就是作为景物来建设的了。

四、以满足价值需求为主要目的的村庄设计

人类的最高追求是自我价值的实现，并因人而异，即不同的价值需求不同。对科学家来说，是对未知问题的探索和解决；对艺术

家来说，是对艺术形式的表现和阐释；对实业家来说，是对经济实体的扩张和提升；等等。

人类在聚集居住、生活上也一样，聚集居住、生活也是人类追求自我价值实现的一种方式。任何一种居住、生活方式都有其存在的价值，都可满足一些人居住、生活价值的需求和体现，都可从某一方面满足人类居住、生活价值的需要和体现。无疑，都市聚集居住、生活是一种时尚、一种潮流。不过，不时关于一些人选择远离人群，到深山老林里独居的报道却愈来愈成为旧闻。因此，对某一具体的个人或人群来说，很难说哪一种居住、生活方式更有价值，更有意义；而只能说，适合的就是有价值的，有意义的。

作为处于乡村中的村庄，具有许多与城市不同的地方，具体在上文已有论述，不再重复。值得强调的是，当村庄具有居住性、生活性、审美性的时候，村庄就成为一般人群在乡村聚集居住、生活的理想追求；当村庄在这一基础上，再有机地融入个人的元素，村庄则成为实现个人价值的乡村聚集居住、生活群落。

重庆市巴南区集体村

物以类聚，人以群分。相同的爱好、相同的价值观的人群自然会聚集在一起，包括聚集居住、生活在一起。显然，当这一人群是爱好音乐的，只要具备条件，他们自然会选择聚集居住、生活在鼓浪屿。鼓浪屿，这个世界著名的岛屿之一，不但有万国建筑博览之称，为国家5A级旅游景区，被列为《世界遗产名录》，而且钢琴拥有密度居世界前列，被誉为“钢琴之岛”“音乐之乡”。无疑，在鼓浪屿居住、生活，不但可满足对审美情趣的需求，而且可沉醉在音乐的氛围之中，寻找音乐创作的灵感，阐释音乐生活的情趣，实现音乐价值的人生。

可见，这一村庄设计是最高层面的村庄设计，它是以人为本的，不但围绕人类的生理需求和生活宜居来进行，而且围绕人类的生命价值来进行。随着这一设计的认识和普及，人类在乡村中的聚集居住、生活将进入一个全新的层面。

第三章　村庄布局设计

村庄布局是村庄的总貌、基础、框架，因此，村庄布局设计是村庄设计的总体设计、基本设计、框架设计。

第一节　村庄布局的本质

一、村庄布局是对村庄的整体安排

村庄是一个整体，在地理上表现为一个独立的单元。在乡村，分布着许多村庄；即使在一个较小的区域，也分布着若干条村庄。尽管这样，村庄仍以独立的形式存在。

村庄虽是一个独立的单元、完整的整体，却往往由若干个要素组成。这些要素往往可归纳为住宅、庭院、道路、树木和设施等。这些要素有的以单个的形式出现，但大多都不是单一的。如水塔、文化馆、篮球场、祠堂和土地庙等几乎都仅有一个，住宅、庭院、道路和树木等就是多少栋、多少座、多少条和多少棵的了。这样，就存在和需要对这些要素及其各个个体从总体上进行安排的问题，这就是村庄布局。

显然，村庄布局首先要考虑的是对住宅、庭院、道路、树木和设施等要素及其各个个体在方位上进行安排，使它们安排到具体的位置上。有两种果树，一种是乔木的，如荔枝、龙眼；一种是灌木的，如黄杨、石榴。若考虑将乔木的种植于主干路旁，将灌木的种植于次干路旁，这就是果树的布局。

当然，作为布局，作为村庄布局，更应考虑的是宏观问题、整体问题，是住宅、庭院、道路、树木和设施等要素的总体安排。在道路旁边种植果树，作为布局，考虑的是在道路旁边种植什么果树，是在主干道路种植荔枝、龙眼等乔木，在次干道路种植黄杨、石榴等灌木的问题；而不是考虑道路与树木的距离问题，更不是树木间的距离问题。

作为布局，作为村庄布局，还应考虑住宅、庭院、道路、树木和设施等要素能够通过安排，形成一个比较完整的、并可以居住、生活的整体。

南京市高淳区慢城

二、村庄布局是对村庄的坐向选择

关于村庄坐向，上面已提及，在此，不再重复。值得强调的是，村庄坐向是村庄布局的主要表现。通过村庄坐向，可以看到村庄的所向，是向南、还是向北，是向东、还是向西？

一是地形地势。村庄坐向往往既是村庄的所向，也是村庄的出口。这样，村庄坐向的选择就不得不考虑地形地势问题。显然，当地势平坦的时候，这一因素没有考虑的必要和意义；当地势高低不平、特别是错落较大的时候，则必须考虑这一因素。一般来说，村庄都是背高向低的。事实上，绝大多数村庄都是这样。

二是气候特点。人们总是生活于一定的空间，当然，这一空间包括村庄在内。在村庄这一空间，无不受到温、光、水、气、热的影响。显然，当温、光、水、气、热的影响都比较适宜的时候，就会有比较舒服的感觉。这样，在布局设计上，就要考虑坐向的选择，特别是宅向的选择，因为不同的坐向、宅向会有不同的效果。一般来说，宜选择背风向阳。因为背风，可通过房屋、特别是后墙来挡风，当风力较大的时候，削减风力的作用就比较明显；向阳，可加大房屋的采光效果，使房屋明亮。

三是生活秩序。村庄是人类在乡村的聚集居住、生活群落，往往居住、生活着上百人、上千人，甚至上万人，这样，就自觉不自觉地要求居住、生活在一个既有共同兴趣、又有共同约束的秩序中，以使居住、生活既有序、又张扬，既互依、又互促。显然，要做到这一点，涉及许多方面。不过，在村庄布局上却是村庄坐向的选择。不管村庄坐向怎样，或村庄布局采取怎么样的村庄坐向，只要选择了，村庄的住宅就统一了宅向，统一了布局，形成了秩序，从而又通过此反作用于居住、生活，使居住、生活形成秩序。事实上，不管村庄坐向朝着哪一个方向，其所朝方向的村边、也就是村前的又高大、又古老的树荫下都会成为人们聚集、休闲、乘凉、聊天的最佳选择。

四是人车出入。村庄总是坐落于乡村某一具体位置上，既是独立的，又是互依的，与田园互依着，与自然互依着，与其他村庄互依着，甚至与城市互依着，而互依的联结纽带就是道路，就是人车出入必须凭借的道路。因此，村庄坐向必须考虑这一要素。显然，方便是首先要考虑的，快捷、安全、舒适等也是应以考虑的。村庄坐向向着大路，村前靠着大路，方便、快捷就可实现，至于安全、舒适等则与村庄坐向无关或关系很小。

三、村庄布局是对村庄要素的组合

村庄布局既是对住宅、庭院、道路、树木和设施等要素的安排，更是通过安排，使它们合理地组合在一起。一般来说，要使其合理地组合在一起，必须考虑如下因素：

一是自然因素。对村庄来说，自然因素主要有地形地势、水塘石堆，其次就是天然生长的植被、特别是古树名木。从保护自然、顺应自然和减少开支等的角度来说，村庄布局就应该顺着地形地势，绕着水塘石堆，让着古树名木。苗族地区的村庄大多建于山多水多平地少的地方，住宅、庭院、道路、树木和设施等是顺着地形地势，住宅几乎都是一边傍着山坡，一边“吊”在水中，住宅建了，山坡、水塘依旧。至于古树名木的“让着”，在生态文明村、美丽乡村就已成为一种自觉的行为了。

二是生活因素。村庄是人类在乡村中的聚集居住、生活群落，因此，作为村庄布局，必须考虑各种要素的组合符合生活要求，其组合是生活配合。庭院与住宅配合，给生活以安全；道路与住宅配合，给生活以出入；树木与住宅配合，给生活以绿色；其他各种要素的配合，给生活以丰富。可以想象，住宅建在庭院之外，庭院便失去意义；道路不联通住宅，出入无法实现；树木不种在住宅四周，住宅四周就十分光秃。

三是审美因素。在村庄布局中，村庄各要素的组合既要符合自然要求，又要符合生活要求，还要符合审美要求。要不然，各要素杂乱无章地组合在一起，虽顺应自然，又能生活，但却不能给视觉上以愉悦，生活上以愉快。这就是审美要求。一般来说，村庄各要素符合审美要求应表现在：距离，妥当；比例，适中；色彩，和谐。这是总的来说的，对具体的村庄来说则应具体问题具体分析。如果说井然有序是一种美的话，那么，曲径通幽也是一种美；如果说井然有序的村庄布局适合平原地区的村庄的话，那么，曲径通幽的村庄布局则适合山水地区的村庄。

第二节　村庄布局的表现

任何本质的东西都会通过一定的形式来表现，村庄布局也不例外。村庄分布于乡村之中，乡村是广阔的，情况是多样的，因此，村庄分布不可能千篇一律，也不必要、更不应该千篇一律。尽管这样，却可作如下归纳：

充满着田园风光的广东省开平市自力村

一、都市型

所谓都市型村庄布局，就是采取都市的形式来布局村庄，使村庄从整体上呈现都市的模式。

这类村庄其实是都市的缩影，与都市相比，只是规模小了一点，当然，若与大城市相比，那就小得多了。因此，从形象上可以说，都市型村庄是都市的模型。

这类村庄的主要特点：一是框架规整。一般呈“井”字形，并往往通过道路系统来体现，纵横相交，整齐划一，主次分明；不同道路的绿化带树木不一定相同，但是，同一条道路的则树种统一、规格统一、高低统一，即使是配植的花草也一样。二是功能分区。目前，大多数的村庄的功能主要都是居住。但是，随着村庄的发展，特别是随着特色小镇的建设，村庄的功能日益城市化，除了居住功能外，还逐渐增加工业功能、商业功能、文化功能等。作为都市型村庄，这些功能是分区的，并集中在一起，即形成居住区、工业区、商业区、文化区等。三是宅向统一。对于规模较小、功能较少（主要限于居住）的村庄来说，宅向是统一的；对于规模较大、功能较齐的村庄、特别是特色小镇来说，宅向未必是统一的，但是，在同一功能区、特别是住宅区，宅向则是统一的。四是建筑现代。住宅也好，文化楼也好，商场也好，即使是围墙、宣传栏，绝大多数建筑都采用现代风格，材料是这样，造型更是这样。当然，建筑现代主要体现在新建筑中。也当然，老建筑的改造大多也是现代化的。

这类村庄适合建于平原地区或丘陵、山水地区的平地上。在这些地区建设，不但容易、成本少，而且顺应自然，不破坏自然。

上面提到的华西村就属于都市型布局。在华西，尽管体现了民俗，仍在演绎着传统民间艺术，仍在制作着传统风味小食，但是，却到处充满着现代气息，布局井然有序，华西村主道、千米大道、华西双桥联通内外，清一色的马赛克装饰的多层别墅鳞次栉比，商业楼廊、大会堂、大餐厅、农民公园、剧院配套齐全，更有标志性建筑华西金塔和黄金酒店，等等。

二、山水型

所谓山水型村庄布局，则是尊重山水，遵循自然运动的规律，布置、建设村庄，使住宅、庭院、道路、树木和设施等与山岭、水域合理搭配，并形成一个有机的整体。

山水型村庄的特点：一是顺应自然。即村庄的布局根据自然的地形地势来安排。一般，背高向低，住宅、庭院、道路、树木和设施等沿着地形地势的走势安排，遇山而依，遇水而止，尽量不改造自然，不破坏自然，注意山水的保护，建筑和道路等的建设以不破坏山水的原始风貌，不造成对山水的污染为度。二是融合自然。即村庄与山水融合在一起，村庄与田园融合在一起，村庄之中有山水、有田园，山水、田园之中有村庄，远看是山水，近看是村庄。村庄中的住宅、庭院、道路、树木和设施等镶嵌得恰到好处，浑然一体；若没有，似乎还缺少了一些什么。三是错落有致。即整个村庄与山水之间、建筑及其各部分之间不是水平的，是有高有低的。

有的建筑比山岭高，比流溪低；有的道路比建筑高、比池塘低。尽管这样，却错落有致，富有美感。四是建筑传统。与都市型村庄相反，山水型村庄大多采用传统的建筑风格，即使是追求时尚的建筑往往也融入传统的元素，抑或在材料上，抑或在造型上，抑或在建筑的某一部位上。

山水型村庄自然适宜于建在山区、水乡，特别适宜于建在山多、水多、平地少的山水地区。事实上，在这些地区若大动干戈，将山头铲平，将水塘填平，再在平地上建设村庄，是不理智的，既违背了自然规律，破坏了生态平衡，又加大了建设难度，增加了建设成本。

上面提到的哈尼族村庄则属于山水型布局。哈尼族村庄大多镶嵌在1 400～2 000米的上半山，与江河、梯田和森林一起构成四度同构的梯田景观。标志性建筑——蘑菇房，棚顶用茅草搭成，远远看去像蘑菇，共三层，最底下的一层用来养牲畜，二层住人，顶层为仓库，很有特色。这些蘑菇房有大有小、造型各异，点缀在梯田里，游客有如进入童话世界。

三、风俗型

所谓风俗型村庄布局，是以当地生活习惯来布置村庄，以当地建筑风格来建设村庄，以当地风俗来营造村庄，以形成充满地方风俗的特色村庄。

这类村庄的特点是：一是以当地生活习惯来布置村庄。就村庄坐向来说，不同地区的人群习惯不同，有的地区习惯于坐北向南，有的地区习惯于坐南向北，无一而足。对苗族地区的人们来说，习惯的是背高向低、左高右低、后山前水。这样，其村庄布局往往呈“马蹄”形。二是以当地建筑风格来建设村庄。大凡建筑无不烙印着当地的民俗文化，尤以昔日的、传统的建筑明显。当然，当建筑都有意识地张扬这一民俗文化的时候，民俗文化就不但彰显于建筑之上，而且彰显于村庄之中。天人合一是苗族地区苗族人民追求的一种民俗文化，在建筑上的表现就是依山傍水、高低错落、伸有吊脚的吊脚楼。这样，在建设村庄时，有意识地建设吊脚楼，其民俗文化就得以保留、传承和弘扬。三是以当地民风民俗来营造村庄。民风民俗是非物质的，但是，却往往以物化的形式存在和表现。这样，在建设村庄中，将这些物化的东西有机地融入进去，民风民俗就能表现出来，并使村庄充满民俗特色。火崇拜是蒙古民族的一种习俗，当在蒙古包的正中的地方建炉点火，随着炉的吐艳，这一民俗自然就表现出来了；当家家户户都是这样的时候，村庄自然就成为风俗型的了。

显然，这类村庄适合于少数民族地区。我国有56个民族，55个是少数民族。在这些少数民族聚集的地区，就应该考虑建设风俗型村庄。当然，这是相对来说的，在汉民族地区，民风民俗既独特、又浓郁的村庄也可考虑建设风俗型村庄。例如，在福建沿海，妈祖文化就很独特，这样，在这些地区的村庄就可考虑以妈祖文化为主题。

海南省三亚市槟榔村

论及都市型和山水型村庄布局的时候都专门举一个实例，论及风俗型村庄布局的时候却一边论述，一边结合实例，再专门举一个实例就显得多余了。不过，有一点却是值得强调的，就是在村庄布局中，除了民俗文化之外，还有产业文化、生态文化、建筑文化、名人文化和历史文化等。不过，以这些文化为主题打造的村庄除了文化不同之外，其他与民俗文化的都基本相同。因此，从广义上来说，风俗型村庄可包括以这些文化为主题打造的村庄在内。

四、田园型

田园型村庄，指的是村庄建于田园之中，并与田园组成一个有机的整体，形成美丽的田园风光。

这类村庄与山水型村庄有点类似。山水型村庄是村庄的住宅、庭院、道路、树木和设施等与山水融合在一起，是山水、植被作为住宅、庭院的延伸、景点，注重的是自然的保护；田园型村庄则是村庄的这些要素与田园融合在一起，是田园、作物作为住宅、庭院的延伸、景点，注重的是田园的保护。

这类村庄主要分布于田园比较多的地区，或者可以说，这些地区的土地几乎都是宜垦地。尽管这样，在建设村庄中，所建设的住宅、庭院、道路和设施应尽量建在不宜耕种的土地上，如石头、砂砾较多的土地上，以用尽可能多的宜耕土地来建设田园。

自力村堪称田园型村庄的典范。它位于广东省开平市塘口镇，隶属于塘口镇强亚村委会，系“全国重点文物保护单位”“广东最美的地方、最美的民居”“全国历史文化名村”“中国最值得外国人去的50个地方”，入选《世界遗产名录》。该村以碉楼群著称于世。村庄自然环境优美，散落着水塘、荷塘、稻田、草地，更有一座座碉楼、居庐点缀其间，相辅相成，构成美轮美奂的田园风光。如果说那一座座的碉楼及其四周的水塘、荷塘、稻田、草地都是一个音符的话，那么，整条村庄就是一部中西乐器合奏的田园交响乐曲。

第三节　村庄布局的设计

一、四至与场地的统一

四至，指的是村庄东、西、南、北所及之处，准确地说，是村庄四周所及之处。

场地，指的则是村庄所处的空间，包括平面空间和立体空间，当然，主要是平面空间，是其所依托的土地。

在平原，在平地，或在地势比较平的地方，村庄的四至受到约束的主要是田园、道路、村庄和厂矿、市场等设施；在山区，在水乡，村庄的四至受到约束的则还有山岭和水域等。在平原，在平地，村庄的四至伸缩比较方便；在山区，在水乡，四至的伸缩则不那么方便。

不管在平原、在平地也好，在山区、在水乡也好，村庄的四至与场地都必须做到统一。因为村庄仅是场地的一部分。不管村庄的规模多大，都只能建于场地之中，都只能小于场地。因为场地有极限的是平面空间，立体空间是没有极限的。这样，村庄的四至只有与场地相统一，才能共存，才能和谐，才能美丽。

做到四至与场地相统一，关键在于：

一是村庄的规模必须反映场地的客观。场地的大小是客观存在的，是不以人的意志为转移的。当然，人为的铲山填水或铲高填低会改变这一状况。不过，这已是场地存在的另一种表现了。即使是这样，其大小仍是处于一定的范围之中。填海造地，就是把原有的海面填进泥土以产生陆地。我国自汉代开始填海造地，新中国成立以来则经历了四次填海造地高潮，前三次主要分别为了晒盐、农业和养殖，第四次，也就是2003年以来主要为了建房造宅。据统计，从1949年到20世纪末期，全国填海造地面积1.2万平方千米。由此致使：①破坏和缩减自然岸线。仅胶州湾面积就缩小了35%；全国沿海湿地面积损失50%；海岸线长度比新中国成立初缩短了近2 000千米。②破坏原来的潮流系统。胶州湾纳潮由1935年的11.822亿立方米减少到现在的7亿多立方米，减少了近40%。③降低自然景观的美学价值。④使海港收窄。⑤令地下的雨水渠延长。⑥产生凸堤效应。村庄的规模，取决于四至的伸展，当四至伸及场地的边缘的时候，规模达到最大。不过，作为理想的布局，则往往不是四至伸及场地的边缘，而是伸及场地的适当位置，特别是当场地的四周或某一边是岸线、滩涂、水域或湿地的时候更应该这样。因此，村庄的规模应是场地所能许可的、所能承载的。

二是村庄的走向必须体现场地的状态。场地的大小是客观存在的，状态也是客观存在的。有的呈圆形，有的呈方形，有的呈长方形，有的呈带状，有的呈星状，有的呈树状，等等。当然，通过改造也可改变。显然，改造的结果存在正负两方面。正的方面是符合人们的生活、审美需求；负的方面则是会出现上面提到的现象。村庄的走向，也就是四至的伸向，从顺应自然、融合存在的角度来说，就应该顺着场地的走向存在和发展，体现场地的状态，使村庄成为场地的一部分，使场地在村庄的融合、点缀下显得更加自然、实在。广东省徐闻县曲界镇的后寮村呈正方形、南山镇的四塘村呈带状、龙塘镇的包宅村呈树状。无疑，这些村庄只是在布局上、走向上、四至上与场地融合，但是，在审美上则有待于进一步改造。

三是村庄的四至必须表现场地的活力。场地是自然形成的，更是千姿百态的，有平原，有丘陵，有山地，有水乡，更有周边的田园、山岭、水域、植被和设施。这样，作为村庄，只能成为这一空间的一分子，作为场地空间的一分子，无论是平原、丘陵，还是山地、水乡，村庄的四至伸展必须有度。所谓有度，就是村庄的四至必须与场地的边缘以及场地周边的田园、山岭、水域、植被和设施保持一定的距离，以确保安全、凸显美感为度，以富有美感为佳。当场地田园的物体规模较大时，村庄的四至可尽可能地伸展；相反，则适可而止。

二、居住与规模的统一

这里的居住，指的是村庄居住、生活的户数和人数。

这里的规模，指的则是村庄的大小，也就是占地面积。

村民居住、生活于村庄中。当户数和人数一定的时候，村庄的规模较大，就意味着村民的生活空间较大，也意味着村庄的人气较淡；村庄的规模较小，则意味着村民的生活空间较小，也意味着村庄的人气较浓。总之，既有利、也有弊。因此，就有必要使居住与规模统一，以使村民拥有较大的生活空间，使村庄拥有较浓的人气。

那么，怎样才能做到居住与规模统一？笔者认为，关键在于做到足够的空间和足够的人气。所谓足够的空间，就是村庄不仅仅限于居住功能，而还具有工业功能、商业功能、文化功能和娱乐功能，即不仅仅设置住宅区，而还设置工业区、商业区、文化区和娱乐区；就是村庄住宅不仅仅限于多户居住的楼房，而还拥有单家独院的别墅。所谓足够的人气，就是村庄的人口一般应在500～50 000人，以2 000～10 000人为宜。这样，既不会由于人口太少而缺少人气，也不会由于人口太多而拥挤。特别是可实现“聚散两依依”：聚，有人员可聚；散，有空间可散。

陕西省南郑县村庄

三、要素与整体的统一

关于作为村庄的整体及其所构成的要素，上面已谈及，在此，不再重复。在此，要谈的是如何做到统一的问题。

一是同一要素的统一。村庄构成要素主要有住宅、庭院、道路、树木和设施等，可以说，它们本身就是同一要素，即分别为住宅要素、庭院要素、道路要素、树木要素和设施要素。不过，这是相对来说的。就道路要素来说，可分为进村道路、主干道路、次干道路、路巷和环村道路。显然，对于同一村庄来说，进村道路和环村道路往往仅有一条，而主干道路、次干道路和路巷则往往可以有若干条；即进村道路和环村道路不存在同一要素问题，主干道路、次干道路和路巷则存在同一要素问题。如当主干道路路面宽度为8米的时候，条条主干道路的路面宽度都为8米，就是主干道路这一相同要素的统一。当道路用料都为水泥的时候，则是主干道路这一要素在路面宽度和道路用料上的统一。道路是这样，树木也是这样。同一条道路的绿化用料若是用同一树种，如都是荔枝，那么，这一道路绿化用树就实现了相同要素的统一。当绿化用树是荔枝和龙眼相间的时候，则是这一道路绿化用树实现了荔枝和龙眼两种树种相间种植的统一。

二是同一功能的统一。在村庄，住宅，有大有小，有楼有屋，款式更是多样，但功能都是居住，即它们都必须具备居住这一功能；庭院，可砖石做墙，也可绿篱做墙，还可钢铁做墙，可植树木，可栽花草，可造假山，可营假水，但功能都是作为居住的延伸，作为安全的保障，即它们都必须具备这些功能；道路，有进村道路、环村道路，有主干道路、次干道路，有路巷，但功能都是交通，即它们都必须具备交通这一功能。

三是同一项目的统一。就村庄道路来说，路面仅是道路的一部分，完整的道路应包括路面、路灯和绿化带，即这些可看作项目。这样，在村庄布局中，对这一项目来说，统一自然是需要的。在这一统一体中，路面是核心，路灯应足以使道路亮化，绿化带则应足以使道路绿化。休闲广场也可看做一个项目，它是一个以广场为载体，以休闲为目的，以广场上的景物、花草和休闲设施为内容的集合体。它的统一应表现在：①功能的统一。即通过载体、景物、花草和休闲设施等实现休闲之功能。②景物、花草和休闲设施等不但各自成型，而且和谐协调，形成有机统一的集合体——休闲广场。

四是同一区域的统一。在村庄，特别是在未来的特色小镇，将会有许多个区，如居住区、工业区、商业区、文化区和娱乐区，即使是居住区，也许往往不止一个，而是若干个。这样，就存在同一区域的统一问题。作为居住区，应以居住为目的，以住宅为核心，配套庭院、道路、树木和设施等；作为工业区，则应以加工为目的，以厂房为核心，配套道路、树木和设施等；作为商业区，应以商业为目的，以商场为核心，配套道路、树木和设施等；作为文化区，自然应以文化为目的，以文化馆房为核心，配套道路、树木和设施等；作为娱乐区，自然则应以娱乐为目的，以娱乐设施为核心，配套道路和树木等。

五是村庄整体的统一。村庄是一个整体，由住宅、庭院、道路、树木和设施等要素构成，由居住区、工业区、商业区、文化区和娱乐区等功能区聚集。因此，这些要素和功能区就应以居住、生活为目标，以村庄场地为载体，以道路系统为贯穿，有机地形成抑或能凸显都市风光、抑或能凸显山水风光、抑或能凸显民俗风光、抑或能凸显田园风光的整体。

第四章　村庄住宅设计

住宅是村庄的主要构成要素，因此，住宅设计应是村庄的主要设计。

第一节　村庄住宅的本质

村庄布局存在本质问题，村庄住宅同样存在本质问题。

一、村庄住宅是建筑物体的形式

村庄住宅是一种客观实在，准确地说，是一种人为的客观实在。这样一说，也许有人会立即反问：原始人居住的天然山洞是天然形成的，这能说是一种人为的客观实在吗？的确，天然山洞是天然形成的。但是，一旦被人类用作住宅，其就是一种人为的客观实在了。

无疑，原始的住宅很简单，山洞是这样，穴居、树居和船居等也是这样。后来的住宅发展成为有墙有顶、有门有窗的房屋，不同的只是材料——建造房屋的建筑材料，以及造型——房屋的外部形状。初时，最为普遍的建筑材料莫过于泥土、茅草和木材，用泥土来砌墙，用茅草来盖顶，用木材来做门窗。接着，石料取代泥土，即用石料来砌墙。再接着，砖块取代石料，瓦片取代茅草，即用砖块来砌墙，用瓦片来盖顶，窗户则会出现玻璃。对现代人来说那就是钢筋、水泥、石子、砖块、灰沙、铝合金、玻璃等。

尽管这样，其本质是基本相同的，那就是都不外乎建筑材料的组合，并通过组合成为建筑物体的形式。茅草房是这样，瓦屋也是这样；木屋是这样，珊瑚屋也是这样；吊脚楼是这样，蒙古包也是这样；楼房是这样，别墅也是这样。

当然，建筑材料组合而成的建筑物体并不限于住宅，而还包括其他，如灯塔、文化馆、体育馆、戏剧院、商场等。然而，住宅，的的确确是建筑材料组合而成的建筑物体。

二、村庄住宅是村庄构成的要素

村庄构成的要素有住宅、庭院、道路、树木和设施等。显然，在这些要素中，庭院、树木和设施等要素可有可无。如果说村民的居所为单家独院时，庭院的存在是必要的话，那么，当居所为多户所共有的楼房的时候，庭院的存在就是不必要的了，甚至可以说，是多余的了；又如果说树木的存在主要是为了遮阴的话，那么，塑料棚架或其他遮体完全可以取代树木；再如果说文化馆的作用仅限于藏书和阅览的话，那么，其所藏之书完全可以在住宅里存放并阅览；如此等等。

然而，住宅却是必不可少的。因为村庄是人类居住、生活聚集的群落，没有住宅，就谈不上居住，更谈不上现代生活之居住。当然，这里的住宅包括一切专门用来居住的房屋，包括平房、楼房、别墅，也包括窑洞，等等。可以用来居住的房屋除了住宅外，还有其他房屋，如厂房、储藏室、车库等。不过，住宅不应包括这些房屋在内。

住宅，不但是村庄必不可少的，而且在村庄构成要素中居于主导地位。在村庄，村庄其他构成要素往往围绕住宅这一要素存在和表现。庭院，主要是为了住宅的安全和作为住宅的空间延伸而存在；道路，主要是为了住宅的主人及其机械的出入而存在；树木、特别是庭院中的树木，主要是为了住宅的绿化、美化和住宅的主人的遮阴而存在；文化馆、篮球场、商场、酒家、祠堂和土地庙等设施，主要是为了为住宅的主人提供文化服务和生活服务等而存在。

同时，村庄其他构成要素不但围绕住宅这一要素作为实体存在和表现，而且围绕住宅这一要素作为布局存在和表现。庭院建设的位置、大小，道路修建的地方、长短，树木种植的方位、树种，文化馆、篮球场、商场、酒家、祠堂和土地庙等设施的布局、设置，均主要取决于住宅这一要素。树木既不能种于住宅的墙边，也不宜种得离住宅太远。种于墙边，会影响、破坏墙体；种得太远，起不到遮阴和调和的作用。

此外，村庄其他构成要素不但围绕住宅这一要素作为实体、布局存在和表现，而且往往围绕住宅这一要素作为文化存在和表现。大凡住宅都具有一定的建筑风格。这里的建筑风格其实就是建筑文化，而住宅的建筑文化往往是当地文化的集中体现。村庄其他构成要素在文化的存在和表现上自然就会、也应该围绕住宅的建筑文化来进行，当然，最为明显的是其他建筑。其实，其他建筑、其他村庄构成要素只有存在和表现与住宅建筑文化相一致的文化，才能有机地与住宅融合在一起；不然的话，会显得很别扭。

第二节　村庄住宅的表现

大凡住宅无不是当地地理、经济、技术、文化和习俗的建筑表现，而这些又是千差万别的，因此，住宅自然是风格各异的。尽管这样，却可归纳为如下四大类型。

个性张扬的秦堡

一、平房

这里的平房，指的是一层的房屋，包括一层的平楼，当然，更多的是“人”字屋顶的房屋。

平房，常见的是土墙茅顶、石墙茅顶、石墙瓦顶、砖墙瓦顶，少见的是平楼式的平房、珊瑚石墙房屋、鹅蛋石墙房屋、竹料房屋、木料房屋、铁皮房屋、玻璃房屋等 。

在雷州半岛，有一种平房，叫三间屋，三个房间，中间为厅，两边为房。中间的厅专门用来供奉祖先的牌位；两边的房用来住人。这反映着人们对祖先、对生命的尊重和敬仰。这种房屋一般为土墙茅顶、石墙茅顶、石墙瓦顶、砖墙瓦顶。现在，土墙茅顶和石墙茅顶的几乎退出历史舞台，石墙瓦顶和砖墙瓦顶的也逐渐被楼房所取代。

对平房来说，比较有特色的恐怕要算蒙古包。特就特在用布料——苫毡——用作建筑材料，从围墙到宅顶都一样；特就特在整座房屋仅由架木、苫毡、绳带三大部分组成，当然，架木还包括套瑙、乌尼、哈那和门槛，绳带可用马鬃或驼毛制作；特就特在外观呈圆形，顶为圆锥形，围墙为圆柱形；特就特在拆卸容易、装载方便、搬迁轻便和搭盖迅速等。

在平房中，比较有审美意义的则是四合院。四合院由东、南、西、北四面房屋围合起来，大门一般开在东南角或西北角。院中的北房是正房，比其他房屋的规模大，是院主人的住宅。院子的两边建有东西厢房，是晚辈们居住的地方，在正房和厢房之间建有走廊，可以供人们行走和休息。简单的四合院只有一个院子，复杂的有两三个院子，富贵人家居住的往往由好几座四合院并列组成。其最大的特点是中轴对称、四周闭合，住房依辈分排列，充分地体现着皇权思想，以及君君臣臣、父父子子的等级制度。

当然，平房最大的建筑群却是王家大院。王家大院坐落在山西省灵石县静升镇，是静升王氏家族耗费半个世纪（1762—1811 年）修建而成的豪华住宅，总面积 15 万平方米，共有院落 54 幢，房屋

1 052 间。建筑风格非常独特，依山就势而起，随形生变，屋楼叠院，错落有致，气势宏伟，功能齐备。特别是融于整个建筑群的砖雕、木雕、石雕，匠心独具，典雅细腻，美观精巧，内涵丰富。其建筑价值和文化价值都堪称中华一绝，被誉为“华厦民居第一宅”，被著名建筑学家郑孝燮称作“国宝、人类之宝、无价之宝”。

无疑，平房最著名的建筑群自然是乔家大院。乔家大院又名在中堂，位于山西省祁县乔家堡村，始建于 1756 年，整个院落呈双“喜”字形，分为 6 个大院，内套 20 个小院，313 间房屋，建筑面积 4 175 平方米，三面临街，四周是高达 10 余米的全封闭青砖墙，大门为城门洞式，建筑群体雄伟壮观，设计精巧，工艺精细，体现了中国清代民居建筑的独特风格，具有相当高的观赏、科研和历史价值，是一座无与伦比的艺术宝库，被称为“北方民居建筑的一颗明珠”，素有“皇家有故宫，民宅看乔家”之说，名扬三晋，誉满海内外。被评为国家 AAAAA 级旅游景区，全国重点文物保护单位，国家二级博物馆，国家文物先进单位，山西省爱国主义教育基地。

二、楼房

既然一层的房屋为平房，那么，两层或两层以上的房屋就是楼房了。

作为楼房，建筑材料大多为水泥、钢筋，使用石料、木料、竹料的也有，当然，还有一些使用特殊材料。

楼房，在乡村，目前比较常见的是“火柴盒”式的楼房，一般 2～4 层，尽管有所差异，但是，整个风格基本上是一样的。乡村建楼房在过去也有，但不普遍，兴起是在 20 世纪 80 年代中后期，当时主要是洗石米，进入 90 年代后开始贴瓷砖。当然，造型愈来愈说究，瓷砖愈来愈高档。

较有现代意义的楼房则是华西村的别墅住宅。这些别墅三层高，整齐划一，鳞次栉比，美丽如画。内有客厅、卧室、餐室、浴室，水、电、气一应俱全。配置有车房，配套有庭院。宅区绿草成茵，繁花似锦。

较有山水情调的楼房却是苗族地区的吊脚楼。吊脚楼为半干栏式建筑，2~4层，依山傍水，正屋建在实地上，厢房除一边靠在实地和正房相连，其余三边皆悬空，靠柱子支撑。吊脚楼除屋顶盖瓦以外，上上下下全部用杉木建造。屋柱用大杉木凿眼，柱与柱之间用大小不一的杉木斜穿直套连在一起，不用铁钉，却十分坚固。

华西村的别墅较有现代意义，苗族地区的吊脚楼较有山水情调，自力村的开平碉楼较有田园情趣。自力村位于广东省开平市塘口镇，隶属于塘口镇强亚村委会，系世界文化遗产地之一、国家重点文物保护单位。20世纪20年代当地侨胞陆续兴建了15座风格各异、造型精美、内涵丰富的碉楼，将中国传统乡村建筑文化与西方建筑文化巧妙地融合在一起，成为中国华侨文化的纪念丰碑和独特的世界建筑艺术景观。这些碉楼的楼身高大，多为四五层，其中标准层二至三层。墙体的结构，有钢筋混凝土的，也有混凝土包青砖的，门、窗皆为较厚铁板所造。建筑材料除青砖是楼冈产的外，铁艺、铁板、水泥等均是从外国进口的。建筑的风格很多带有外国的建筑特色，有柱廊式、平台式、城堡式的，也有混合式的。特别是这些碉楼散建于优美的水塘、荷塘、稻田、草地之间，和谐统一，相映成趣，美不胜收，情在景中。

围楼，是另一种堪称历史文化遗产的建筑，主要分布于粤港地区，可以分为15种类型，尤以围龙式围屋、城堡式围楼和四角楼最具地方特色。以土、石、砖、砂、木材为主要材料，一般用黏黄土掺上细砂、石灰等，用糯米饭、红糖增加黏性，串以竹片、木条做骨，逐层夯实成墙体，加上梁、桁、角等相互牵引，成为一个富有弹性、整体性良好的建筑体。外围土墙厚达1米以上，一、二层都不开窗，三层以上也只开小窗。通常全楼只设一个大门出入。多数建于明清年间。早先的一般为单层，以后增至三四层，多的达五六层。每层高约3米，约有30间房屋，每层的房间结构及面积大小大致相同，而且均朝天井设一门一窗，利用楼内天井采光通风和调节四季阴阳。楼的东、西、南、北四个方向都有楼梯通向各层，每层楼都设有门厅一间，二层以上内圈设“走马廊”联系各房间。“花萼楼”“泰安楼”是围楼的典型代表。

三、窑洞

平房也好，楼房也好，都是建于地面之上的住宅；而窑洞则是建于地面之下的住宅。准确地说，窑洞是就土山的山崖挖成的作为住屋的山洞或土屋。

窑洞，是中国西北黄土高原居民的古老居住形式。它的存在和发展完全基于当地黄土层的厚实；它的历史可以追溯到四千多年前；它的特点是冬暖夏凉，住着舒适，简单易修，省料节能，自然和谐。

窑洞，主要有靠崖式窑洞、下沉式窑洞和独立式窑洞三种形式。靠崖式窑洞，建筑在山坡土原边缘处，常依山向上呈现数级台阶式分布，下层窑顶为上层前庭，视野开阔。下沉式窑洞，则是就地挖一个方形地坑，再在内壁挖窑洞，形成一个地下四合院。独立式窑洞，自然就是单独就山挖洞修建成住屋。

窑洞，分顶门窗土窑、大门窗石窑、大门窗接口土窑、大门窗泥结窑等类型。一般单孔窑洞的宽 3.3～3.7 米，高3.7～4 米，交口 0.3～0.4 米，进深 1.7～1.9 米，平桩高 1.8～2 米，拱部矢高 1.7～1.8 米。

无疑，最具历史文化意义的窑洞是延安杨家岭革命旧址窑洞和枣园革命旧址窑洞。因为毛泽东、周恩来、朱德等伟人在抗战时期先后居住在这两处，为中国的革命事业做出了不可磨灭的贡献。在那里，保留着毛泽东同志故居、周恩来同志故居、朱德同志故居等。

四、个性化房屋

顾名思义，个性化房屋就是基于房屋主人的文化和居住偏好，设计、建设的房屋。

既然是个性化房屋，就没有统一的款式，完全是房屋主人的文化和居住偏好在房屋设计、建设中的表现。因此，这类房屋往往与全村的房屋款式不相统一，有时甚至显得很别扭，但却能很好地满足房屋主人的文化和居住需求。目前，这类房屋不多，在不少村庄根本就不存在。不过，随着村民生活水平和文化水平的提高，这类房屋会逐渐增多，在个别地方，甚至会发展成为主流。

客观地说，这类房屋早就存在。在广东省中山市翠亨村，孙中山亲自设计的自家住屋，也就是孙中山故居，就属于个性化房屋。孙中山故居不但坐向与全村的完全相反（全村的住屋坐向是坐西向东，孙中山故居则是坐东向西），而且采取欧式的建筑风格。这一方面表现了孙中山的与众不同，另一方面表现了孙中山追求西方的先进文明。

秦堡位于广东省徐闻县海安镇北关村，应属城堡式建筑。这一住宅从房屋到庭院不但是户主亲自设计的，而且是户主亲手一砖一瓦砌成的，整整花了 9 年多的时间，并还在不断的完善中。笔者认为，秦堡的设计、建设主要基于：一是户主较有文化，系恢复高考后的大学生；二是户主动手能力较强；三是户主总想做一些有别于他人的东西，秦堡应是其一生做得最为成功的事情。事实上，秦堡不但体现了其人生价值，适合其居住、生活，而且已发展成为徐闻人民的一个休闲目的地。

第三节　村庄住宅的设计

通过设计可使村庄布局的表现反映其本质，通过设计同样可使村庄住宅的表现反映其本质。

一、需求与能力的统一

这里的需求，指的是村民对住宅居住的需求。

这里的能力，指的是村民建设住宅的经济能力。

人类的需求是永不止境的，对住宅的需求也一样。人类对住宅的需求主要表现在三方面：一是居住面积；二是舒适度；三是审美情趣。无疑，居住面积是尽可能地大，不过，总有一个度；舒适度也是尽可能地舒适，不过，却没有度；审美情趣既是共性问题，也是个性问题，不过，当其达到一定程度的时候，也就是具备一般美感的时候，却主要是个性问题。这对一般住宅来说是这样，对村庄住宅来说也是这样。

在设计、建设住宅时，不能离开自身的能力，离开自身的经济能力，准确地说，不能离开自身可以用来建房造宅的资金。因为一个人的经济收入最基本的开支必须用于“吃、穿、住、行”，“住”仅是这一基本生活内容之一，况且“住”除了建房造宅外，还应包括床柜、桌椅和碗筷等生活用具的配置。一句话，必须做到需求与能力的统一。

做到需求与能力统一，关键在于需求以能力为极限，即所设计、建造的住宅只能达到建房造宅所需资金的许可范围。居住面积固然是愈大愈好，但是，每增加一平方米的建筑面积，都会增加其所需要的资金；装饰豪华固然舒适，但是，每一件装饰品都需要钱，木板地板比瓷砖地板高贵，但每平方米的面积所需的资金也要高出许多；雕刻精美的工艺品固然更有审美情趣，但是，艺术的价值往往通过金钱的多少来体现。

做到需求与能力统一，还必须考虑多维需求与能力的统一问题。上面提到，人类对住宅的需求主要表现在居住面积、舒适度和审美情趣三方面，这其实就是人类对住宅的多维需求。无疑，当经济能力能够同时满足这些需求的时候，自然应该一并做到，这自然是一种理想的结果。在事实上，往往难于同时满足，这样，就应该有所选择。选择的次序应该是：居住面积→舒适度→审美情趣。因为居住面积是人类对住宅的主要需求，其次是舒适度，最后才是审美情趣。

二、类型与场地的统一

所谓类型，就是村庄住宅的存在和表现形式，通俗地说，就是建设什么样的住宅，也就是上面所述。

所谓场地，则是村庄住宅存在和表现的地方及其周围环境。

众所周知，乡村是广阔的，场地自然是千差万别的。作为住宅，自然应根据场地的特点，来设计、建设之。这其实就是类型与场地的统一问题。当所设计、建设的住宅处于地势平坦的平原地区的时候，可考虑设计、建设四周闭合的四合院；当处于山多水多平地少的山水地区的时候，则可考虑设计、建设高低错落的吊脚楼；当处于田园之中的时候，却可考设计、建设彰显田园风光的别墅；当处于黄土高坡的地区的时候，自然可考虑设计、建设窑洞；等等。

三、材料与功能的统一

任何住宅都是材料的空间组合，问题只是什么材料和怎样组合。当然，作为住宅，材料只能是建筑材料，是石料、木料、竹料，是砖块、灰沙、泥土，是水泥、钢筋、玻璃。也当然，还有许许多多；或者可以说，包括一切可以用来建房造屋的材料。对于某一具体的住宅来说，其所用材料往往仅是其中的一部分。建一座土墙茅顶的平房，就没有必要、也没需要用上水泥、钢筋。

材料是这样，组合呢？组合只能是以住宅为形式的空间组合；或者可以说，这一组合所形成的空间是可以用来居住的。屋顶可以透明，但不能开空。因为一旦开空，就不再起到挡雨的作用了。窗户可有可无，但墙壁不能没有。因为窗户的采光作用可通过墙壁的玻璃化而实现，调温作用可通过安装空调来进行，透气作用可通过门户的开关和抽空机的使用而达到。钢筋加水泥、加石沙，可以组合成坚硬的混凝土，这些混凝土往往以柱、梁、框、板的形式出现，或以这些形式与砖块、木料、玻璃、铝合金等建筑材料组合成房屋。当然，这是比较复杂的。简单的就是泥墙茅顶的房屋。

既然这样，在住宅设计、建设中，材料就应该与功能相统一，即材料必须具备相应的功能。水泥必须具备黏合的功能，钢筋必须具备坚硬的功能，石沙必须具备黏合和坚硬的功能，它们组合而成的混凝土综合体——柱、梁、框、板——则应分别能够起着柱、梁、框、板的作用。

作为材料与功能的统一，理想的追求应该是材料能使功能发挥到极致。水泥必须具备的黏合功能是强度的，钢筋必须具备的坚硬功能是充分的，石沙必须具备的黏合和坚硬功能则分别是强度的、充分的，它们组合而成的混凝土综合体——柱、梁、框、板——则应分别具备相应的功能，并足够坚硬，若用抗震指标来衡量是指能够抵御八级以上的地震。在此，如果说其他材料的指标不便于表述的话，那么，水泥的标号就十分容易表述了，那就是，标号尽可能地高，800 标号的水泥要比 600 标号的质量要好。

四、结构与造型的统一

住宅是一种空间组合。既然这样，就存在不同的构件及其在空间上的组合，这其实就是结构，就是住宅的结构。而任何结构都具有一定的、相应的形式，当然包括内部形式和外部形式。这结构的外部形式其实则是造型，是住宅的造型。

就住宅来说，结构主要涉及的是使用问题，也就是空间利用问题。简单来说，多少房、多少厅是结构，是室内结构；房安排在什么位置，厅又安排在什么位置，也是结构，也是室内结构。有阳台、无阳台则既是室内结构，也是室外结构；阳台安排在什么位置，既是室内结构，也是室外结构；如此等等。如果说三房两厅是室内空间的一种利用方式的话，那么，四房一厅则是室内空间的另一种利用方式。

造型主要涉及的则是外观问题，也是外观审美问题。房屋的高低错落是外观造型；房屋高低错落的程度也是外观造型。房屋的柱窗排列是外观造型。房屋的柱窗排列秩序同样也是外观造型。

由此可见，实现结构和造型的统一应是住宅设计、建设的理想追求。那么，怎样才能做到这一点呢？关键在于做到外观的审美情趣是空间的充分利用的外在表现。一般来说，空间的充分利用表现在：①各功能空间的合理搭配。如在套间中，卧室、客厅、餐厅、厨房、洗手间和阳台的设置是功能空间的配套，三卧室、一客厅、一餐厅、一洗手间和两阳台则是功能空间的合理搭配。②各功能空间的合理空间。20平方米的客厅，4×5（平方米）是一种空间形式，2×10（平方米）也是一种空间形式，不过，4×5（平方米）的就要比2×10（平方米）更合理。③各功能空间的合理组合。当你走进套间，套间内的客厅、卧室、餐厅、厨房、洗手间和阳台等功能空间有序地分布着的时候，这时的套间若形成一个以客厅或某一点为中心的均衡体，使客厅、卧室、餐厅、厨房、洗手间和阳台等功能空间都归于和谐的统一体中，那么，这一套间的各功能空间的组合就是合理的。

当室内空间做到充分利用的时候，特别是当各功能空间组合合理的时候，外观的审美情趣就会得以表现。因为任何本质的东西都会通过外在来表现，内在是美的时候外在自然会将其表现出来，当然，并不是完全等同。

五、传统与现代的统一

大凡住宅无不是当时当地地理、经济、科技和文化等因素作用的结果，或无不表现着这些因素。当这些因素的作用在一个相对比较长的时空中进行的时候，住宅就富有地方特色，表现出地区的适应性、居住的实用性、文化的多元性、审美的价值性。

既然这样，在设计、建设住宅中，就应该做到传统与现代的统一。那么，什么是传统与现代的统一？总的来说，就是以传统的为基础、为框架，把不适应现代人需求的改变为适应现代人需求，并使传统文化元素得以传承和发扬。

在设计、建设住宅中，值得传承和发扬的主要是其建筑风格及审美情趣。因为其建筑风格往往融入了当地的地理和环境特点，表现了当地的民俗文化和审美情趣。这些往往是其他地区难以复制的。吊脚楼就是这样，高低错落、伸有吊脚，不但十分适合山多水多平地少的地区，而且通过这一形式有机地融合于山水之中，形成天人合一的实在，给人以独特的审美情趣。在其他地区硬是人为地设计、建设吊脚楼，也可建起来，但是，毕竟不能有机融入当地的地理和环境中，因此，是不理智的，也是难以形成情调的。

宁波市天宫庄园

第五章　村庄庭院设计

在乡村，大凡住宅都有庭院，因此，研究村庄设计，必须研究庭院设计。

第一节　村庄庭院的本质

研究村庄布局设计和村庄住宅设计都从村庄布局和村庄住宅的本质揭示开始，研究村庄庭院设计也从村庄庭院的本质揭示开始。

一、村庄庭院是村庄住宅的延伸

在村庄，庭院一般建于住宅的四周，并通过围墙来明确其四至。当然，也有例外，如四合院、三合院和围楼等则建于住宅的中央。

然而，不管是位于住宅的四周，还是位于住宅的中央，庭院都是住宅的延伸。首先，庭院延伸了住宅的空间。站在庭院中，或漫步住宅中，与站在住宅中或漫步住宅中，尽管是事实上、客观上两个不同的空间，但是，感觉是基本相同的，那就是：都是在家中，都是在家庭的空间中。因此，庭院的存在，无形中就使住宅的空间得以拓展、扩大，不但使住宅的四至延伸成庭院的四至，而且使住宅的封闭空间变成既有封闭空间、也有露天空间。

其次，庭院延伸了住宅的功能。住宅主要用来居住、生活，这毋庸置疑。不过，由于住宅空间的有限和特殊，往往难于满足居住、生活的需要。住宅是一个几乎封闭的空间，空气的新鲜度绝对不如庭院；住宅虽然有窗户，可采光，但是，只适合种那些不需太多阳光的富贵竹、千年青和水仙花之类的花草，要种植那些需要充足阳光的向日葵、玫瑰花和韭菜花之类的花草只能种到庭院去，至于那些荔枝、龙眼和杨桃之类的乔木水果和黄皮、石榴和青枣等之类的灌木水果就更不用说了；客厅中可放置金鱼池，用来放养金鱼，但是，要造假山假水，用来养鱼戏玩，只能借助庭院的某一处；住宅中也许有楼梯、有走道，即使没有也有可行走的地方，但是，却无法像庭院一样可修建休闲小径；房间里可置桌椅，也可置那些十分舒适的沙发——真皮的、红木的……但是，要悬挂网床还是在庭院的树荫下才行。

长沙市望城区靖港镇千龙湖生态旅游度假村

最后，庭院延伸了住宅的生活。生活内容是丰富多彩的，即使是在家里也一样。在餐厅里吃饭，是一种习惯、一种常规，桌椅配套，用具配套，使用方便，不过，把桌椅、用具搬到庭院的树荫下，不但可吃饭，而且有别一样的感受，特别是有一种融入自然中的感受，不时吹过的微风会有清凉的感觉，偶尔啼鸣的鸟声则会有生机的活力；在房间，可观赏花盆中栽植的花草、鱼池中养殖的金鱼，不过，在庭院不但可以做到这一点，而且由于庭院更开阔、更接近自然，因此，可观赏到更鲜艳的花草、更有活力的鱼儿；在房间，可沿着楼梯、走道或其他地方来回走动，不过，在庭院中的休闲小径不但可来回走动，而且会有闲情逸致的感觉；坐在书房里看书，是学习，也是享受，不过，躺在庭院树荫下的网床上不但可看书，可学习，可享受，而且由于床摇摇，风习习，情趣更浓。

二、村庄庭院是单家独户的空间

庭院，不管是位于住宅的四周，还是位于住宅的中央，都使住宅成为独立的单元。一个庭院是一个单元，两个庭院是两个单元，若干个庭院就是一个村庄。

在庭院里，往往不止建一座住宅，也许建两座、三座，甚至更多。三合院和简单的四合院，就是建三座；复杂的四合院，也就是由两、三个，甚至四、五个四合院混合而成的四合院；至于围楼，那就是由若干套房屋组合而成了。然而，不管怎样，一个庭院还是一个单元。

庭院，作为单元，或者可以准确地说，作为单元的框架实在，无不使住宅具有独立性，尽管住宅也许不止一处，住户也许不止一户，但仍给人单家独户的印象。这时的庭院，是单家独户的空间；或者可以说，这一空间不同于院外的空间。在这一空间，其所存在的一切物体，不用说住宅，即使是一砖一瓦、一草一木，都是“自家”的，可以自由支配；在这一空间，其所表现的一切行为，不用说吃、穿、住、行，即使是弹琴唱歌、聊天发呆，都是“自我”的，可以自由发挥；在这一空间，其所形成的一切成果，不用说建房造屋，即使是栽果种花、磨粉做饼，都是“自己”的，可以自由享受。

三、村庄庭院是联系外界的纽带

庭院，其内是单家独户的空间，其外是千家万户的空间，当然，主要是左邻右舍的空间，其次是村庄的空间，再次是周边田园、自然的空间，最后是广阔天地的空间。因此，村庄庭院是联系外界的纽带。

首先，是联系左邻右舍的纽带。作为联系左邻右舍的纽带，庭院应是“和睦”的，即应该在存在和表现上与左邻右舍“和睦”：

在土地上，不占用左邻右舍的土地，包括不占用与左邻右舍共有的土地；在交通上，不但不影响左邻右舍的出入，而且方便左邻右舍的出入，特别是机械的出入；在文化上，应符合左邻右舍的风俗习惯，做到左邻右舍能接受；在景观上，不但不影响左邻右舍住宅、庭院的审美彰显，而且最好能成为左邻右舍住宅、庭院的审美衬托。在此，值得用例子来进一步论述的是关于文化上的“和睦”：如有的地区，风俗上不好让上家庭院的大门正中对着别家住宅的正中，这样，设计、建设庭院的大门时让其偏离别家住宅的正中，就是在文化上做到“和睦”。

其次，是联系村庄的纽带。作为联系村庄的纽带，庭院则应是“和谐”的，即应该在存在和表现上与村庄“和谐”：在空间布局上，合理、妥当地存在，与村庄中的道路、树木、设施和其他庭院构成协调、和谐的统一体；在道路交通上，不但不影响道路的畅通，而且不影响道路的审美；在建筑风格上，在保持与村庄庭院整体风格一致的基础上，凸显自身独有的风格，特别是凸显宅主的文化偏好；在树木种植上，选择、种植与村庄整体树木、特别是与村庄庭院整体树木同类品种的树种，以利于形成富有特色的植物风光。在热带地区，当村庄中的所有庭院都选择种植荔枝、龙眼、木菠萝、芒果、杨桃、黄皮和石榴等热带水果的时候，当村庄中其他绿化用树都选择种植榕树、酸豆、毛柃、木棉、苦楝树和马樱丹等热带树木的时候，村庄的热带植物风光自然形成。这则是庭院在树木种植上做到“和谐”。

再次，是联系周边田园、自然的纽带。作为联系周边田园、自然的纽带，庭院应是“虹桥”，即应该在存在和表现上像“虹桥”一样连接着周边的田园、自然：它是“桥”、又不是“桥”。它之所以是“桥”，那是由于住宅的确通过与周边的田园、自然联系在一起；它之所以不是“桥”，那是由于它不但不是实实在在的桥，而且不是实实在在的路，甚至连实实在在的线都不是。它是“虹”、又不是“虹”。它之所以是“虹”，那是由于它像彩虹一样的美丽，既装饰着住宅，又装饰着周边的田园、自然；它之所以不是“虹”，那是由于它并不是实实在在的彩虹。

最后，是联系广阔天地的纽带。作为联系广阔天地的纽带，庭院应该的是“天桥”，即应该在存在和表现上像“天桥”一样连接着广阔天地。关于“桥”就不再论述了，因为“天桥”之“桥”与“虹桥”之“桥”是基本相同的。关于“天”，那就是庭院虽不是实实在在的天空，但却应像天空一样无处不在，也就是在哪里都可以看到它的影子。显然，要在哪里都可以看到庭院的影子，庭院必须具有自然性和独特性。所谓自然性，就是庭院完全融入于自然之中，是自然的凸显，而不是自然的异化。所谓独特性，则是庭院所凸显的自然应是当地的自然，也就是地方特色。

第二节　村庄庭院的表现

庭院是住宅的延伸，但却有其自身的表现。

洋溢着生活情趣的秦堡庭院

一、防卫式

防卫式庭院，指的是具有防卫功能的庭院。

目前，防卫式庭院比较普遍。其最大的特点就是通过围绕住宅建设围墙来形成庭院。围墙建得高高的，一般 2～3 米。为了增强防卫能力，有的还在围墙上插上玻璃碎片，或安上铁钉。总之，尽最大可能使人爬不进去。

无疑，通过围绕住宅建设围墙来形成庭院，进行防卫的庭院是大多数，但是，并不是全部，还有通过房屋建设来形成庭院的，四合院是这样，围楼更是这样。围楼全楼只设一个大门出入，门上设水槽，从二楼可以往下灌水，以防火攻，楼顶层四周有的还挑出“楼斗”，用于眺望或往下射击，防盗匪、防野兽、防火、防水等功能相当完备。

显然，防卫式庭院的存在主要基于社会治安问题和安全问题。在过去，防野兽问题十分突出；在现代，防野兽问题已几乎消失。随着社会治安状况的日益好转，庭院的防卫作用也将日益弱化，甚至逐渐消失；换句话，防卫式庭院将逐渐消失。无疑，设计、建设防卫式庭院是人们的不得已行为，而防卫式庭院的逐渐消失、完全消失则是人们的美好愿望。

尽管这样，防卫式庭院同样作为住宅的延伸，具备庭院的功能和生活的功能。在庭院里，往往种有水果，植有花草，造有假山，建有假水，修有小径，可闲情，可逸致。

随着生活水平的提高，防卫式庭院的围墙在继续充当防卫功能的同时，日益追求审美情趣，主要表现在两方面：一是围墙本身的美化。这时的围墙的上部往往设计、建成栏杆式、通透式，顶部往往盖琉璃瓦，墙体往往张贴瓷砖，如此等等。二是围墙与住宅、院内设施和谐。围墙的设计、建设采取与住宅相同建筑风格；围墙的颜色抑或采取与住宅相同的颜色，抑或采取与住宅相协调、互衬托的颜色；围墙与住宅、院内设施成为统一体。

二、生活式

生活式庭院，指的则是以满足生活需求为目的的庭院。

生活式庭院与防卫式庭院既相似也不同。相似处就是都建有围墙。不同就不同在生活式庭院的围墙不是用来防卫的，而是用来生活的，有的主要用来界定宅基地的界线；而防卫式庭院的围墙主要是用来防卫的，当然，往往也包含界定宅基地界线的作用。因此，从某种意义上可以说，生活式庭院是防卫式庭院的生活化。

自然，生活式庭院不在乎防卫功能的有无，不在乎围墙的高度、硬度和险度，在乎的是生活情趣的有无，追求的是生活情趣的浓厚。这时围墙的高度取决的是与住宅、院内设施的比例、和谐；材料取决的是与住宅、院内设施在色彩上、物体上的审美统一，也许是砖石，也许是钢筋，也许是植物，当然，更多的是灌木类或草本类的花草，如马樱丹、大红花、玫瑰花等；造型取决的是艺术个体表现也许是带状，也许是球状，也许是拟物状。

这时庭院内的设施更具生活性。在庭院里不但种水果、植花草，而且追求它们的艺术造型；不但造假山、建假水，而且赋予它们相应的文化内涵；不但修建小径，而且讲究情趣。

无疑，随着社会治安的日益好转和生活水平的日益提高，生活式庭院将日益占主导地位，并逐渐取代防卫式庭院。

三、一体式

一体式庭院，指的是融入村庄、田园和自然之中，形成和谐统一体的庭院。

然而，不管有没有围墙，建不建围墙，一体式庭院的存在和表现都不但为了住宅，而且还为了村庄中的其他住宅、其他物体和周边的田园、自然；通过庭院的存在和表现，使村庄中的其他住宅、其他物体和周边的田园、自然形成一个有机的整体，当然，理想的追求应该是使这一有机整体成为审美对象，甚至成为审美产品，成为可作为乡村风光或乡村景观的审美产品。

作为一体式庭院，庭院完全融入村庄、田园和自然之中，成为联系左邻右舍的纽带，成为联系村庄的纽带，成为联系周边田园、自然的纽带，成为联系广阔天地的纽带，当然，也可看做左邻右舍的一部分，看作村庄的一部分，看作周边田园、自然的一部分，看作广阔天地的一部分。一体式庭院将逐渐凸显，日显活力，并有机融入生活式庭院之特点，成为村庄庭院的主要存在和表现。

安徽省宁国市恩龙世界木屋村

第三节　村庄庭院的设计

村庄庭院设计的目的，在于使村庄庭院的表现与本质得以统一。

一、庭院与住宅的统一

有庭院必有住宅，但有住宅未必有庭院；或者可以说，庭院只是住宅的配套、从属。尽管这样，也应做到庭院与住宅相统一。

庭院与住宅相统一，必须以住宅为归宿。即庭院围绕住宅存在。当庭院做成防卫式，那是由于住宅需要防卫；当庭院做成生活式，则是由于住宅需要营造生活氛围；当庭院做成一体式，则是由于住宅需要与周边的住宅、田园和自然等形成一体的综合体。

庭院与住宅相统一，必须成住宅之配套，即庭院作为住宅的延伸。在空间上，扩大住宅的范围；在防卫上，增强住宅的能力；在设施上，弥补住宅的不足。显然，植树种果、修建小径和营造山水等往往只能在庭院进行，而住宅则往往是不能为之的；在生活上，丰富住宅的内容，庭院散步和室内散步不但形式不同，而且效果也不同。

庭院与住宅相统一，必须与住宅相协调。即庭院围绕住宅表现。庭院围墙的风格、色彩应与住宅的风格、色彩相协调；庭院设施的有无取决于住宅的需求，则应成为住宅的衬托；庭院植物的种植也取决于住宅的需求，应成为住宅景观的构成。

二、功能与形式的统一

村庄庭院主要有防卫、生活和景观等三大功能。当然，有的同时具备这三大功能，有的仅具备其中之一或之二种功能，更多的则是以某一功能为主、兼具其他功能。

尽管这样，庭院的功能必须与形式相统一，即功能必须以相应的形式来存在和表现。当考虑防卫功能的时候，就应该设计、建设防卫式庭院；当考虑生活功能的时候，则应该设计、建设生活式庭院；当考虑一体功能的时候，却应该设计、建设一体式庭院；当考虑综合功能的时候，自然应该设计、建设的是充满生活、审美情趣的防卫式庭院。

无疑，这是总的来说的。作为功能与形式的统一，还应存在和表现于庭院的各种物体中。围墙，功能主要是防卫，就应该足够高、足够坚固；小径，功能主要是休闲，就应该宽窄适当、弯曲有度；果树，功能主要是挂果，就应该高产、优质；花草，功能主要是欣赏，就应该造型考究、叶绿花红；假山、流水，功能主要也是欣赏，就应该像山水一样雄伟或秀丽。

三、主题与内容的统一

客观地说，目前所设计、建设的庭院，特别是过去所设计、建设的庭院，大多都是没有主题的；或者可以说，大多都是没有意识地设计、建设主题的。这无疑是庭院建设的不足，理想的庭院是应该有主题的。

那么，什么是主题？主题就是庭院所存在和表现的文化内涵。这样，就涉及主题确定问题。显然，可以作为主题的东西有许多。不过，一般来说，应从如下几方面来确定：一是文化偏好。指的是住宅主人的文化偏好。当偏好的是苗族文化的时候，就确定苗族文化为主题；当偏好的是音乐文化的时候，则确定音乐文化为主题；当偏好的是宗教文化的时候，则确定宗教文化为主题。二是追随大众。指的则是根据村庄所倡导的文化来确定文化主题。当村庄分别倡导苗族文化、音乐文化、宗教文化时，就分别将苗族文化、音乐文化、宗教文化确定为主题。显然，全村的庭院文化就会达成一致，形成统一的风格。三是融入景区。当住宅、庭院属于某一景区的组成部分的时候，就应该考虑将住宅、庭院融入景区，打造与景区相一致的文化，或将庭院文化作为景区文化的组成部分。

主题确定后，跟下来要做的事情就是设计、建设能够反映、表现主题的内容。这就是主题与内容统一问题。这自然就涉及设计、建设什么内容？基于主题的内容就是主题文化的表现形式，以及这些表现形式存在于庭院所有或主要的项目之中。对围墙和小径等这些非生命的物体来说，主要是将抽象化、艺术化的主题文化符号有机地融入进去。例如，当主题文化是苹果文化时，就将苹果文化的元素提取出来，制作成抽象化、艺术化的苹果文化符号，并有机地融入围墙和小径等物体中。这样，这些物体就会凸显出苹果文化。对树木和花草等这些生命的物体来说，主要是通过品种的选择和造型的塑造来表现。例如，当主题文化也是苹果文化时，就可在庭院中选种苹果树木，置放盆景苹果，特别是通过修剪苹果树木、塑造盆景苹果艺术，使其具有苹果文化的内涵。这样，一个苹果文化的氛围就会通过这些树木、盆景彰显出来。

四、院内与院外的统一

庭院的围墙之外就是院外，是左邻右舍，是道路、树木，是文化馆、土地庙，更是广阔的田园、自然。

院内与院外虽是两个不同的空间，但却是两个需要统一的。然而，并不是以雷同的方式来统一，更不是以不同的方式来统一，而是统一于文化，也就是院内院外以相同的文化为基础，院内更具集中性，院外更具多样性。当院外存在和表现的是热带植物风光的时候，院内种植木菠萝、荔枝、龙眼、芒果、杨桃、石榴、黄皮等热带水果，就体现了热带植物的集中性；而院外在种植以上水果的同时，还种植木麻黄、苦楝树、桉树、榕树、樟树等树木，种植菠萝、香蕉等水果，种植水稻、蔬菜、西瓜、玉米等作物，则表现了热带植物的多样性。这样就实现了院内与院外在营造热带植物风光上的统一。

第六章　村庄道路设计

道路也是村庄的构成要素之一，因此，在研究村庄设计中，应该研究道路设计。

第一节　村庄道路的本质

一、村庄道路是村庄布局的框架

村庄布局是对村庄的整体安排、坐向选择和要素组合。然而，这些都往往通过道路来体现或实现；可以说，村庄道路是村庄布局的框架。

村庄布局对村庄的整体安排，首先体现于对住宅区、生活区、娱乐区、工业区和商贸区等功能区的安排，而这些功能区的存在和表现却往往通过道路系统来实现，表现在：区与区之间既通过道路来分割，也通过道路来连接。当同时存在主干道路、次干道路、路巷和环村道路的时候，区与区之间的分割和连接道路往往是主干道路，甚至可以说，通过主干道路就可知道功能区的界线。

村庄布局对村庄的整体安排，其次体现于对住宅、庭院、树木和设施等要素的安排，而这些要素的存在和表现往往通过道路系统来实现，不过，要素之间的分割和连接的道路往往不限于主干道路，还包括次干道路、路巷和环村道路，并主要是路巷，或者可以说，通过路巷使这些要素分布于村庄的具体位置之中。

村庄布局对村庄的坐向选择，地形地势是考虑的要素之一。

对于平坦的地形地势来说，特别是对于平原地区来说，道路系统往往呈“井”字形，而村庄布局往往也呈“井”字形，并在道路系统的牵引下朝着开阔的地方伸展。对于凸凹不平的地形地势来说，特别是对于山水地区来说，道路系统往往是顺着地形地势伸展的，是由高向低伸展的，从而使村庄坐向顺着地形地势由高向低伸展。

村庄布局对村庄的要素组合，主要是基于自然、生活和审美等因素，将住宅、庭院、树木和设施等要素有机地组合在一起，以符合并满足村民的居住、生活需求，而这些要素的组合、特别是有机、合理组合同样离不开道路系统。道路将左邻右舍联系在一起，将全村住宅、庭院联系在一起，形成居住、生活聚集群落；道路将住宅、庭院、工厂、商场、戏院、文化馆、篮球场、祠堂、土地庙等联系在一起，形成生活、文化、娱乐氛围；道路将田园、自然等联系在一起，形成乡村生活空间；道路还将以上各要素合理地安排在适当的位置，有机地组合成一个整体，形成乡村风光。

苏州市常熟支塘镇蒋巷村

二、村庄道路是人机出入的途径

尽管村庄道路具备构建村庄布局框架的功能，但是，设计、建设的主要目的却是为了人机出入。

众所周知，有一种这样的说法：世界上本没有路，人行多了就形成了路。不错，有不少路是这样形成的，特别是在过去、在乡村更是这样。不过，在现代，在城市，道路的形成往往不是这样，而是根据人机出入的需求，设计、建设而成的。

道路，作为人机出入的途径，设计、建设首先要考虑的自然是实用，即人机能出入。显然，这要取决于道路的硬度、宽度和净度。硬度，主要应体现在雨天不泥泞。一般来说，砂砾铺就的砂砾路就可做到这一点。宽度，主要则应体现在路面宽度足以确保人机、特别是机械的正常出入。一般来说，进村道路、主干道路和环村道路都应该是双行道，而次干道路可以是单行道，至于路巷应通单车、摩托之类的机械。净度，主要体现在路面清洁，特别是没有障碍物。当然，这里的障碍物主要是那些影响交通的障碍物，如石头、树木等。

道路，作为人机出入的途径，设计、建设其次要考虑的是方便，即方便人机出入。做到方便，关键在于道路的起点到达人机出入的所在，终点连接尽可能多的村外交通道路。一般来说，道路的起点应到达村庄所有的住户以及车辆停放的地方；同时，当村庄的前、后、左、右或东、西、南、北都有村外交通道路的时候，村内的道路都应延伸到这些方向的村外交通道路，并与它们连接在一起，形成交通网络。这样，户户都方便，人人都方便，机机都方便。

道路，作为人机出入的途径，设计、建设再次要考虑的是快捷，即利于人机较快地出入。还显然，实现快捷，主要在于道路的长度尽可能地短和走向尽可能地直。

道路，作为人机出入的途径，设计、建设最后要考虑的是安全，即人机出入安全。实现安全，主要在于道路滑度、弯度和亮度。滑度，指路面的光滑程度。太光滑，不利于人行走和机械刹车；太粗糙，对人的双鞋和机械车轮的摩擦太大；光滑度适当，则人机出入既方便，又安全。弯度，指道路的弯曲程度。当道路的弯度等于或小于 90 度角的时候，前面的道路往往会由于围墙等物体的存在而挡住视线，往往会造成事故。因此，道路的弯度一般应大于90度。亮度，指道路的光亮程度。每当夜幕降临，若不安装路灯，前面的人畜和机械等物体往往会看不清，从而造成事故。因此，道路应在晚间保持足够的亮度，以确保安全。

三、村庄道路是彼此联系的纽带

首先，村庄道路是住宅之间联系的纽带。在村庄，住宅之间的联系通过道路。道路将左邻右舍联系起来，将全村各家各户联系起来，使互相之间能够通达，并能借此相互沟通、关照、帮助，形成群体。因此，道路应通达各家各户，并互相通达。

其次，村庄道路是住宅与设施之间联系的纽带。在村庄，住宅与文化馆、篮球场、祠堂、土地庙、工厂、商场、休闲广场等设施之间的联系也通过道路。道路不但将住宅与这些设施联系起来，而且将这些设施之间联系起来，使人们能够通达这些设施，并能借此进行相应的生活与活动。

最后，村庄道路是村内与村外之间联系的纽带。大凡村庄都修建有进村道路，将村内与村外联结起来，使得村内的村民能够走出去，村外的人们能够走进来。

四、村庄道路是村民活动的网络

村庄是村民的居住、生活聚集群落，也就是说，村民在村庄中主要进行的是居住、生活。这自然就涉及村庄道路主要是为村民居住、生活提供什么服务的？当然，人机出入是一方面；不过，村民活动更具本质。在村民活动中，村庄道路扮演的角色是网络。

众所周知，网络就是像网一样形成的联系，无处不在，无处没有，无处不到。作为道路就应该像网络一样，以使村民能够在村庄这一空间中想到哪里就到哪里，利用一切可能的空间，进行一切可能的活动。

作为村民活动的网络，道路首先要做到的自然是人机出入的通达。因为人机出入本身就是活动的内容之一。

作为村民活动的网络，道路其次要做到的自然则是彼此之间的通达。因为住宅、文化馆、篮球场、祠堂、土地庙、工厂、商场、休闲广场等的利用同样是活动的内容。

作为村民活动的网络，道路再次要做到的自然却是每一路段都可行可停。这就要求供人机出入的道路要配置人行道，不因机械的出入而影响村民的行走和暂停。仅供人行的道路要配置一些座椅，使行走疲劳想歇息或其他原因想小憩的行人可随时歇息或小憩。

作为村民活动的网络，道路最后要做到的应该是具有情趣性。作为具有情趣性的道路，路面应该美观，甚至充满文化韵味，即将村庄所存在和表现的文化有机地融入到道路建设上。如当村庄所存在和表现的文化是热带文化的时候，就可将抽象化、艺术化的热带文化符号有机地融入路上；两旁应该绿化、美化、亮化，特别是绿化用树就应考虑选种榕树、樟树、苦楝树和椰子树等热带植物；休闲小径应该弯曲有度，能给人以闲情逸致的感觉。

第二节　村庄道路的表现

村庄道路的表现是明显的，尽管不同村庄不同，即使同一村庄也不同，但是，可以归纳为如下五类：

停放着小车的村庄道路

一、进村道路

进村道路，指的是联结村庄与外界的道路。

进村道路一般仅有一条，位于村庄的前方，与外界离得最近的道路连接在一起，供村内村外的人机出入。当然，也有多条的，特别是当村庄较大、且四周都有道路的时候，这时，往往村前、村后、村东（或村南）、村西（或村北）都有进村道路。

进村道路的路面较宽，一般都是双车道。当然，对那些面积较大、人口较多的村庄来说，也有四车道的。较宽的路面既确保较多人机的顺利、安全出入，也确保人机、特别是机械能够同时双向出入。

进村道路的走向较直，有的甚至可以说是笔直。不过，位于山区的村庄的进村道路就不见得了，往往是沿着山岭的走向，迂回曲折的不少。总的来说，进村道路能直尽量取直。

进村道路是主要的村庄道路，只要经济许可，都会尽可能地讲究。在不少生态文明村、美丽村庄，进村道路的路口都建有门楼。有“天下第一村”之称的华西村，千米之长的进村大道，不但路面为四车道，而且配有人行道，更为吸引眼球的是在进村大道路口建有雄伟的门楼，门楼之上赫然安放着五个醒目大字：“中国华西村”。

二、主干道路

主干道路，指的则是村庄中的主要交通道路。

在村庄道路中，主干道路条数是较少的。在较小的村庄，往往仅有两条，并大多呈“十”字形；在较大的村庄，则往往有三条以上，并大多呈“井”字形。当然，这主要是对地势较平坦、布局较整齐的村庄来说的。至于那些地势不平、布局随意的村庄，特别是对于处于山水地区的村庄来说，主干道路的走向应该是顺地形、地势的。尽管这样，条数也不会太多。

在村庄道路中，主干道路的路面是较宽的，抑或与进村道路一样宽，抑或窄于进村道路，但是，却比次干道路、路巷宽，一般为双车道。因为主干道路也像进村道路一样，肩负着人机的出入、特别是机械出入的任务。不过，其肩负的不是村庄与外界之间的人机出入，而是村庄内的人机出入。分散于各主干道路的车流量一般比进村道路小，因此，其路面一般窄于进村道路。

在村庄道路中，主干道路的走向也应与进村道路一样，能直尽量取直，能短尽量缩短，其理由基本相同。

在村庄道路中，主干道路也要讲究。不过，要讲究的不是像进村道路一样的路口，而是配置的人行道。主干道路的人行道应该具有较强的生活性和休闲性，应该配置必要的座椅和走廊，以利于村民的小憩和散步。

三、次干道路

次干道路，其实就是联结住宅与主干道路和商场、文化馆、篮球场、祠堂、土地庙等主要设施的道路。

次干道路条数较多，可以说有多少排住宅就有多少条，有多少主要设施就有多少条道路。不过，次干道路长度一般不长，相比于主干道路来说要短得多。当然，这是指具体某一条来说的，若论总长度，却要比主干道路长得多。

次干道路路面较窄，一般都是单行道。尽管次干道路也肩负着供机械出入的任务，而不时也存在车辆双向的现象，但是，由于其路段较短，一来可判断前方是否有车辆迎面而来，二来完全可让前方车辆先行通过，因此，不会造成堵车现象。

次干道路走向自然，不强调笔直，大多是顺地形地势，以能出入为度。之所以这样，那是由于其路途、人流、车流少；而顺地形地势不但修建道路成本低，而且不因修建道路而破坏自然，影响生态。

次干道路更强调人行道的生活性和休闲性，不但应配置必要的座椅和走廊，而且路面材料可不用水泥和沥青，而用青石或地板砖，甚至可用砂砾，即以达到硬底、不泥泞为基本。

四、路巷

路巷，其实则是联结各物体之间、仅供人畜和单车之类的机械出入的道路。

路巷可说是星罗棋布，像网络一样分布于村庄之中；只要村民有愿望到达的地方都会有路巷通达。

路巷的路面不但较窄，而且不统一。窄，体现在仅可通行人和单车、摩托、电动车等；不统一，则体现在有的地方宽些，有的地方窄些。

路巷的走向是随意的，即主要根据村民的需求来设计、建设，不大考虑其他约束条件，可是笔直的，也可是弯曲的，甚至是迂回的，能通达目的地即可。

路巷比任何村庄道路都强调生活性和休闲性。与次干道路相比，座椅设在路旁，整个路面材料都用青石或地板砖，甚至用漏雨砖或沙砾，特别是道路更弯、甚至迂回，既强调交通，也强调情趣，以交通为内容，以情趣为形式。

五、环村道路

环村道路绕着村边伸展，并闭合，同时，将所有伸到村边的主干道路、次干道路、路巷连接起来，形成一个以村中央为中心的道路网络。除此之外，环村道路与主干道路并没有本质的区别，即除了走向之外，路面宽度、道路材料和建设追求等基本都是相同的。

环村道路主要存在于那些规模较大的村庄。在这些村庄，从村头到村尾，从村东到村西，距离都较远，有了环村道路，路程自然缩小；同时，车辆走环村道路，村中的道路车流量自然减少，行人也自然更安全、快捷。

环村道路的主要功能是交通，一般不大强调生活性和休闲性。

第三节　村庄道路的设计

一、出入与布局的统一

村庄道路也像一般的道路一样，主要用来交通，为人机出入提供服务。不过，在村庄，道路还对村庄布局起着框架作用。道路设计应使两者得以统一。

一是以出入为内容，以布局为形式。即道路设计、建设以提供人机出入服务为其表现的内容，包括走向、宽窄、材料等在内都是这样；以起着村庄布局作用为其存在的形式。在设计、建设道路的时候，就应该同时考虑出入和布局这两个要素，并做到以出入为内容，以布局为形式，即所设计、建设的道路既是可行人走车的，也是起着布局村庄框架作用的。当住宅区与商业区之间可建道路、也可不建道路的时候，建道路就体现了这一点。

二是坚持以出入为主，布局服从出入。尽管村庄道路具有布局村庄框架的功能，但是，提供人机出入服务却是主要的。因此，在设计、建设村庄道路的时候，必须坚持以出入为主，布局服从出入。当村庄中出现利于修路、不利于布局的现象的时候，如可修路的两边为沼泽地，但可修路的地方与两边的道路十分不对称，这时，将道路修建在可修路的地方，而不是修建在沼泽地，就是坚持了这一原则。

三是通过布局来彰显出入的和谐性。布局是对村庄的总体安排，是对各功能区、各物体的具体布置。当布局合理的时候，村庄的总体安排是合理的，各功能区、各物体的具体布置也是合理的。既然这样，当道路作为村庄布局的框架的时候，当这一框架合理的时候，人机出入自然也会合理，表现在：有序分流，流量均匀，流速均匀，人机均匀。

二、材料与实用的统一

材料与实用的统一在于材料的选择完全是根据、为了实用。当修建的道路主要为了载重的时候，就应该选择修建水泥路所需的水泥、石子和沙，或修建沥青路所需的沥青和石子，因为水泥路和沥青路都坚固、耐用且较光滑；而不应选择石条路，因为石条路虽也坚固、耐用但较粗糙；也不应选择砖路和沙砾路，因为它们都不够坚固、耐用且较粗糙。当修建的道路主要为了一般的人机出入的时候，虽也可选择修建水泥路和沥青路，但厚度却可小些，因为一般的人机重量也好、压力也好，都不大。当修建的道路主要为了人行和单车、摩托、电动车通行的时候，虽同样可选择修建水泥路和沥青路，当然，厚度更小些；但可选择修建由石条铺就的石条路、由砂砾铺就的砂砾路和由砖块和灰、沙或水泥、沙组合而成的砖路，因为这些材料修建而成的道路更自然，更生态，更有特色，更有情趣。在雨水较多的地区，用漏雨砖则既可达到硬底的目的，又不至于积水。

不过，实用包含耐用和可用两个层面。一般来说，耐用的空间较大，从某种意义上来说没有尽头。材料质量愈好，使用数量愈多，建成的道路愈坚固、耐用。当水泥路的厚度达 8 厘米就可满足人机出入的时候，修建水泥路的厚度刚好达 8 厘米，而不是 12 厘米，就是充分体现经济性，因为节约了三分之一的成本；当修建砂砾路就可满足人行的时候，修建砂砾路，而不是修建水泥路，则是充分体现经济性，因为砂砾路的成本要比水泥路低。

三、方便与安全的统一

方便与安全的统一，应坚持安全第一的原则，在人机出入中，若失去安全，方便就失去意义。一句话，当方便与安全相矛盾的时候，方便应让位于安全。在人流较多的路段上设置限速设置，可以减缓车速，提高安全度。

坚持安全第一的原则，就是在道路设计、建设中全方位地做到安全：一是道路合格。即修建的道路的厚度、宽度、硬度都要符合工程质量要求。二是人机分开。即人行道和车行道要分开，特别是人车流量较多的进村道路、主干道路和环村道路更应这样。三是交通指示。即在道路中和道路旁设置红绿灯、左右转、限速和斑马线等交通标示，以约束、规范人机的交通行为。四是清除障碍。即清除道路上的一切障碍物，如石头、树枝和杂物等，确保道路畅通无阻。

方便与安全的统一，还应在安全中实现方便。在人机出入中，安全并不是目的，方便才是目的。因为人机出入的实质是人机实现位移，也就是从此处到彼处，或从出发地到目的地。而要较好地做到这一点，道路的方便是关键。当然，方便必须在安全中实现。

方便在安全中实现，关键在于道路设计、建设在融入全部安全要素的同时，做到：一是分布合理。即村庄所有道路，包括进村道路、主干道路、次干道路、路巷和环村道路，应在空间上、距离上合理地分布于村庄之中，方便于人机出入。二是距离较短。即村庄的主干道路、次干道路、路巷，特别是次干道路、路巷的设计、建设应使村庄所有村民的人机出入距离尽可能地短。三是道路通达。即道路应通达所有住宅、所有设施、所有人机希望到达的地方，做到不因无路而却步。

四、行走与情趣的统一

村庄是村民居住、生活的空间，村庄道路是村民在村庄中的生活、活动的网络。因此，村庄道路就不应仅具有交通的功能，而还应具有情趣的功能。

当然，交通是基本的，也就是能行走，能实现身体的位移，能实现由此处到彼处，能实现由出发地到达目的地。作为交通的道路，主要应考虑的是其厚度、宽度和硬度。

当然，情趣是必要的，也就是人走在其上，会有生活感、情趣感，能满足生活的需要，能满足情趣的需要，能实现生命情趣的理想阐释。作为情趣的道路，主要应考虑的则是其生活化、文化化、审美化、休闲化。

基于此，行走和情趣的统一，关键在于道路既做到厚度、宽度和硬度足够，又做到生活化、文化化、审美化和休闲化。

第七章　村庄树木设计

树木同样是村庄的构成要素之一，因此，在研究村庄设计中，同样应该研究树木设计。

第一节　村庄树木的本质

为了研究村庄树木设计，在此，同样先揭示村庄树木的本质。

一、村庄树木是一种生命

树木是一种生命，这是常识。不过，既然是一种生命，树木也无不遵循生命的运动规律存在和发展，经历着生、老、病、死。不过，作为树木，其生命史一般较长，上十年、上几十年、上百年的屡见不鲜，即使上千年的也有。“千年铁树开了花”，既是形容，也是实在，它表达的含义有二：一是铁树树龄较长，达“千年”以上；二是铁树开花不易，要树龄达“千年”以上才能开花。

树木也是一种以植物方式存在和表现的生命，这也是常识。树木以根、茎、枝、杈、叶、花、果的组合来存在和表现生命的形态，以生根、发芽、伸茎、分枝、长叶、开花、挂果的形式来存在和表现生命的活力。当然，不同的树木形态不同，活力也不同。荔枝为乔木，石榴为灌木，形态差异自然十分明显。荔枝和龙眼不但都为乔木，而且同为热带水果，形态特征粗粗一看难分彼此，不过，只要细心观察，就会发现：荔枝的叶片为椭圆形，龙眼的叶片为披针形。这是形态，活力呢？木瓜一枝独秀，叶片张开，全年挂果。榕树枝繁叶茂，垂挂须根，一旦扎土，长成茎秆，广东新会的一棵榕树更是独木成林，铺盖20多亩，引来众鸟，成为“小鸟天堂”。

树木还是一种以相对静止的状态存在和表现的生命，这还是常识。尽管树木每时每刻都在进行着肥水吸收、营养输送、细胞分裂、生长发育，一生都在进行着生根、发芽、伸茎、分枝、长叶、开花、挂果，但是，相对于也是生命的动物来说，却是静止的，特别是当其扎下根以后，就不再移动，直至生命的终结。上面提到的“小鸟天堂”就是这样，树冠通过须根的扎土、增粗而不断扩展着，但是，主茎仍然在那里；况且，整棵榕树仍然在那里，某一时段的形态基本不变，即使是过了一、两年，甚至十年八年，昔日的“小鸟天堂”并没有什么两样，仍然是：枝繁叶茂，小鸟满树。

二、村庄树木是一种可以开花挂果的生命

生根、发芽、伸茎、分枝、长叶、开花、挂果是几乎所有树木的生长发育过程。当然，不同树木其生长发育不同。木麻黄的根是直直的；竹子的芽长而尖；大王椰的茎是杆状的；木瓜的枝往往是没有的；仙人掌的叶是肉质的；昙花的花期虽短但也“一现”；无花果的花是花也是果。

然而，只有果树挂结的果实才可以满足人类对水果的营养、品尝需求。无疑，不少果实是不适合人类食用的，抑或有毒，抑或无营养，抑或口感不好。酸荔枝就是这样，味道是酸的；或者可以说，人类食用、品尝的是栽培荔枝，是妃子笑、白糖罂和糯米糍等品种。妃子笑、白糖罂和糯米糍等荔枝不但色、香、味俱佳，而且营养丰富，每100毫升果汁中含维生素C10～72毫克，含可溶性固形物12.9％～22％；每100克果肉含有水分84克，碳水化合物14克，蛋白质0.7克，脂肪0.6克，磷32毫克，钙0.6毫克，铁0.5毫克，硫胺素0.02毫克，核黄素0.04毫克，烟酸0.4毫克。

在村庄，特别是在庭院，种植的树木大多都是果树，从而使村庄存在和表现着开花挂果的生命。在热带地区，在村庄，在庭院，种植的果树主要是荔枝、龙眼、芒果、杨桃、石榴、黄皮和木瓜等热带水果。每到开花挂果期，枝梢上的花苞逐渐绽开，然后又逐渐变成一个个小果，这些小果逐渐膨大、定型、成熟，要是荔枝，就是一个个红红的了，整棵树就如一团红红的“火焰”；或者可以说，这时的果树既以开花挂果的过程来彰显生命的活力，更以累累的硕果来彰显生命的活力。

三、村庄树木是一种可以绿化美化的生命

众所周知，树木的叶片尽管有各种颜色，但是，大多都是绿色的。荔枝、龙眼是绿色的，芒果、杨桃也是绿色的，石榴、黄皮还是绿色的……这无不意味着，树木是绿色的生命，树木的存在是绿色的存在，树木的到来是绿色的到来。如果说一棵树是绿色的一个点的话，那么，一排树木则是绿色的一条线，一片树木却是绿色的一个面。当村庄种满树木的时候，村庄自然就成为绿色的村庄，成为充满绿色生命的村庄。

树木的根、茎、枝、杈、叶、花、果不同，不同树木及其品种的根、茎、枝、杈、叶、花、果也往往不同，其构成的植株更是千姿百态。一般来说，根是须状，茎是杆状，杈是叉状，叶是片状，花是朵状，果是球状。都是热带水果，都是叶片，荔枝是椭圆形，龙眼是披针形；都是荔枝，有的果皮是红色的，有的果皮是绿色的。至于植株的形态，上面的乔木荔枝和灌木石榴就可见一斑。当然，这些都是自然状态的。当加以人工的作用，不是千姿百态也是千姿百态。荔枝树冠，通过修剪，可以变成半球状；苹果外表，通过贴字技术处理，可以“长”出“福”“寿”“禄”等文字来；蔬菜种植，通过盆栽，可以变成盆景蔬菜；如此等等。这同样无不意味着，树木可为美化提供可能和载体。如果说绿绿的叶、红红的花、黄黄的果是一种美的话，那么，树木根、茎、枝、杈、叶、花、果的协调统一更是一种美；如果说树木的自然状态是一种美的话，那

么，根据人们的审美需求加以修剪的树木更是一种美；如果说单株树木是一种美的话，那么，多株树木、多种树木的各种组合更是一种美。当村庄拥有这些树木的时候，村庄则自然成为美化的村庄，成为洋溢着美的生命的村庄。

四、村庄树木是一种可以淀积文化的生命

上面提到，树木的生命史一般较长。这无不意味着，树木从始发到死亡经历的时间较长，也就是其生命史伴随、见证其相应历史时期，烙印着相应历史时期所发生的各种事件，淀积着相应历史时期所形成的各种文化。

无疑，能够起着这一作用的事物有许多。建筑可以，山水可以，石头也可以。开平碉楼就淀积着存在和表现着开平人中西两地生活的中西文化；井冈山则淀积着存在和表现着中国革命的红色文化；海南岛天涯海角的石头淀积着存在和表现着诗人苏东坡的名人文化。不过，这些都以凝固的形式烙印着、淀积着以及存在和表现着。

然而，树木却以生命的形式烙印着、淀积着以及存在和表现着文化。尽管树木从种子发芽、生根那一时刻起，就在一天一天地衰老着，直至死亡，但是，却的确又在不断地生长发育着，水肥在吸收，营养在输送，细胞在分裂，根在生，芽在发，茎在伸，枝在分，杈在抽，叶在长，花在开，果在结，每一年是一个年轮，每一个年轮记载着一年，记载着一年发生的一切。

显然，树龄愈长的树木经历的时间愈长，记载的事件愈多，沉淀的文化愈厚。在湖北省宜昌夷陵雾渡河镇，生长着一棵银杏树，树龄已达千年以上，系全国五大银杏树之一，被誉为“中国植物活化石”。它不但见证了宋朝王安石推行新法这一历史事件，而且寄托着人们祈望好运的愿望。

不过，值得强调的是，树木对文化的淀积，对文化的存在和表现，从某种意义上可以说，主要在于人类的赋予。毛柃，是一种典型的热带树木，在乡村，就具有“吃毛柃，心不变”的文化内涵。

然而，这并不是这种树木本身固有的，而完全是人类的赋予。其实，在乡村，被人类赋予各种文化内涵的树木有许多，特别是那些古树名木，这就使得这些树木更具文化性。

五、村庄树木是一种可以与人类互动的生命

树木与人类都是生命体，不同的只是树木是植物，人类是动物。既然这样，树木与人类就能够在生命这一共同的框架下进行互动，实现互依互存，共同发展。

一是生理上的互动。众所周知，植物都有一个特点，就是通过叶片，利用阳光，吸收二氧化碳，进行光合作用，生产叶绿素，放出氧气；而人类也有一个特点，则是通过鼻孔，吸入氧气，呼出二氧化碳，进行新传代谢，恢复、保持、甚至增强生命活力。这样，当树木与人类处于同一空间中，树木就能利用人类呼出的二氧化碳，人类则能利用树木放出的氧气，进行生理上的互动。人们站在树木旁、特别是森林旁，有心旷神怡的感觉，其实就是这种生理互动的结果。

二是组合上的互动。树木与人类都是生命体，都是处于不断的生长发育中，或者可以说，都以生命的方式不断地运动着。然而，相对来说，树木是植物，处于静止状态；人类是动物，处于运动状态。这样，当树木与人类相处于一起的时候，同时存在于村庄这一空间的时候，就成为这一空间的组合要素，或者可以说，树木与人类组合在村庄这一空间中：一个是静止的，一个是运动的。动与静的组合，就使得村庄这一空间呈现出：在幽静之中充满生命的活力。

三是存在上的互动。树木是一种存在，人类也是一种存在。在村庄中，就是树木与村民共同存在于村庄中。在这一共同体中，树木不但能给村民生理上、组合上的互动，而且能为村民提供文化淀积、遮阴乘凉和绿化美化等，因此，村民就应该自觉地、主动地、积极地植树种果，并加以爱护、保护，不但给树木以存在之空间，而且给树木以发展之条件。

第二节　村庄树木的表现

村庄树木的表现也是明显的，也可以归纳为如下五类或五种表现：

四棵榕树组合而成的村前小憩空间

一、古树名木

古树，指生长百年以上的老树；名木，指具有社会影响、闻名于世的树木，树龄也往往超过百年。

古树分一级古树、二级古树、三级古树。一级古树，指柏树类、白皮松、七叶树胸径（距地面 1.2 米）在 60 厘米以上，油松胸径在 70 厘米以上，银杏、国槐、楸树、榆树等胸径在 100 厘米以上，且树龄在 500 年以上的古树；二级古树，则指柏树类、白皮松、七叶树胸径在 30 厘米以上，油松胸径在 40 厘米以上，银杏、楸树、榆树等胸径在 50 厘米以上，且树龄在 300～499 年的古树；三级古树，指树龄在 100～299 年的古树。

名木，也就是名贵树木，稀有的有樱花、大叶黄杨、椴、腊梅、玉兰、木香、乌桕等树种。

不过，既然是古树名木就不会有许多；既然是古树名木，就是最有价值、最有代表意义的树木，或者可以说，是村庄树木的典型表现形式。

当然，各地环境不同、特别是气候不同，古树名木自然不同。在热带地区，就应该是箭毒木、榕树、酸豆树、樟树和毛柃树等热带树木；或者可以说，往往以这些树木来表现。

尽管这样，古树名木一般都树龄长、树茎粗、树冠大，上面提到的那棵被誉为“小鸟天堂”的榕树就是这样，树龄500多年，树高约15米，树冠20多亩，栖息着灰鹭、白鹭、池鹭和牛背鹭等小鸟近40种上万只，从而使其具有生态、经济、景观、文化、历史、科研、开发、旅游价值。“小鸟天堂”对天马河的河心沙水土的保持、气候的调节和小鸟的保护，彰显着生态价值；“小鸟天堂”树茎粗大，须根成茎，材积着大量的木材，彰显着经济价值；“小鸟天堂”独木成林，百鸟出巢，百鸟归巢，彰显着景观价值；“小鸟天堂”留下作家巴金等人墨宝，被誉为“小鸟天堂”，彰显着文化价值；“小鸟天堂”穿越时空500多年，记证着社会变迁，彰显着历史价值；“小鸟天堂”为桑科榕属植物中的水榕，亚热带阳生常绿树木，十分典型，彰显着科研价值；“小鸟天堂”引发榕荫水道、水乡风情展馆、鸟博馆、观鸟长廊、观鸟楼、鸟趣园、巴金广场和生态农庄等的开发，彰显着开发价值；“小鸟天堂”连同其所引发开发的景点，形成著名的生态旅游景点，彰显着旅游价值。

在村庄，古树名木大多为自然生长的，主要分布于村前村后，呈零星状，成片成林的很少；栽培的也有，但很少，主要分布于宅前宅后。当然，自然生长的古树名木也有分布于宅前宅后的，栽培的古树名木同样有分布于村前村后的。

一般来说，村庄中最古老、最高大的那棵古树名木多被供奉为全村的风水树。在热带地区，作为风水树的树种主要是榕树、樟树和酸豆树等热带典型树木。“小鸟天堂”自然就是广东省江门市新会区会城镇天马河的风水树了。

二、果树

果树，指果实可食用的树木，能提供可供食用的果实、种子的多年生植物及其砧木的总称。

果树分木本落叶果树、木本常绿果树和多年生草本果树。木本落叶果树如木瓜、苹果和桃树等；木本常绿果树如荔枝、龙眼和芒果等；多年生草本果树如香蕉、菠萝和草莓等。

在村庄，种植的果树主要为木本常绿果树，其次为木本落叶果树，最后为多年生草本果树。因为在村庄种植果树，除了为了挂果、食用之外，还为了绿化和遮阴，有的还为了木材，如种植木菠萝、荔枝、龙眼等乔木类果树往往就包含了这一目的。

种植果树，既然为了挂果、食用，还为了绿化和遮阴，为了木材，就可种植村中任一需要和可能的地方。不过，主要应种植于庭院，其次是路旁。多年生草本果树主要种植于庭院；木本落叶果树除了种植于庭院外，还可种植于村庄其他地方；木本常绿果树除了种植于庭院外，还可种植于路旁，当然，村庄其他地方也可种植。

尽管这样，种植果树主要还是为了挂果、食用。这就要求所种植的果树应做到：一是多样。即种植的果树多种多样，如既有荔枝、龙眼，也有芒果、杨桃，还有黄皮、石榴，以能满足尽可能多样的品尝和营养需求。二是四季。四季有两层含义，一层是：果树一年四季都挂果，如木瓜；另一层是：一年四季都有果摘，如春季的桃子、夏季的荔枝、秋季的芒果（秋芒）和冬季的青枣。显然，这样一年四季都有果食。三是高产。即果树挂果多、产量高。不过，作为庭院之果树、村庄之果树，其种植的目的主要是为了满足自身（包括分送的对象）营养和品尝的需求，而不是作为商品，为了上市，为了外销，因此，其产量主要应以满足自身营养和品尝需求为度、为基本。四是质优。即应种植品质优良的果树品种，以实现营养丰富和品尝情趣的目的，如种植荔枝应该种植妃子笑、白糖罂和糯米糍等品种。五是安全。即在果树管理上应确保果品安全卫生，不施用杀螟威、久效磷、磷铵、甲胺磷和异丙磷等高毒农药，合理、科学施用一般农药，以确保农药残留不超标和果品丰收为度，当两者不能兼得的时候，则以确保农药残留不超标为度，尽量少施、甚至不施。

三、绿化树木

上面提到，村庄树木是一种可以绿化的生命，这无不表明，大凡树木都可以用来绿化，或都是绿化树木。

尽管这样，绿化树木却应该具有生态平衡功能和环境保护作用，能够“绿化”村庄，给村庄以绿色、以“肺腑”、以遮阴、以舒适。

绿化树木分乔木、灌木和藤本三大类，乔木如樟树、苦楝树和榕树等；灌木如石榴、茉莉和玫瑰等；藤本如常春藤、紫藤和爬墙梅等。

不过，在村庄，理想的绿化树木不是其他，而是果树，是上面提到的各种果树，当然，主要是木本常绿果树。道理上面已提到，那就是这样既达到绿化的目的，又达到挂果、食用的目的。

绿化树木主要应种植在村民常到的地方，如庭院、道路两旁和公共活动场所。这样，树木的绿色作用、“肺腑”作用、遮阴作用、舒适作用就能很好地体现。

四、美化树木

绿化和美化是分不开的。因为绿化的过程本身往往包含着美化的过程。一棵翠绿的树木既是绿的化身，也是美的化身；一条绿色的林带既是绿的飘带，也是美的飘带；一片葱绿的树林既是绿的海洋，也是美的海洋。

然而，绿化就是绿化，美化就是美化，并不能完全等同。一棵树木，如果说让其自然生长是绿化的话，那么，修剪成型就是美化；一条林带，如果说让其自然成带是绿化的话，那么，使其高低、大小一致或呈有秩序地高低错落、大小变化就是美化；一片树木，如果仅考虑其种植规格是绿化的话，那么，考虑其不同品种的不同组合就是美化。

一般来说，美化树木有如下几类：一是自然形态美的美化树木。这种树木的美是树木品种本身固有的，一般以根、茎、枝、杈、叶、花、果及其植株的形态和颜色来存在和表现。榕树的须根像胡须一样垂挂，入土扎地就可成茎，年复一年就可成林；大王椰的茎是笔直的，给人以坚挺有力的感觉；龙血树的枝伸展成伞状，使整棵树像“伞”一样；巴西棕的叶最长可达20多米，堪称“绿色的飘带”；木菠萝的果大的达长60厘米以上、宽40厘米以上、重20多千克，说是“硕果”一点也不为过；至于花更是姹紫嫣红、五彩缤纷、香飘四季。二是人工处理的美化树木。即通过人工物理、化学、工艺等的处理，使树木的造型符合人们的审美需求。通过贴字技术的运用，可使苹果树挂结出“长”满“福”“寿”“禄”等文字的苹果来；通过修剪技术的应用，可使荔枝树变成半球的形状；通过棚架和工艺技术的结合，可使葡萄等藤本植物爬蔓成鼠、牛、虎、兔、龙、蛇、马、羊、猴、鸡、狗、猪十二生肖的图形。三是组合形成的美化树木。即通过对称、排比、交替、均衡等方式，将树木组合成富有美感的树木。一棵苦楝也许不见得怎么样，但一排苦楝就有美感了；几十棵樟树随便凑合在一起也许有点乱，但两两对称地排成两行就不同了；荔枝和龙眼毕竟是两种不同的水果，但交替地种植在一起就和谐了。

就像绿化树木一样，在村庄，理想的美化树木也不是其他，而是果树，是上面提到的各种果树。当制作十二生肖树形的时候，就不是用常春藤等非果树类的藤本植物，而是用葡萄等果树类的藤本植物。理由与绿化树木品种的选择相同。

美化树木既作为独立的审美对象，也作为其他审美对象的衬托。当作为独立的审美对象时，主要种植于庭院和公共活动场所；当作为其他审美对象的衬托时，则种植于所衬托的物体旁。在村庄，所需衬托的物体有许多，包括房屋、道路、树木、池塘和其他物体。

五、生态树木

绿化和生态也是分不开的。因为绿化的过程本身也往往包含着生态的过程。如果说一棵翠绿的树木能对其周边的空气进行净化、气候进行调节、水土进行保持的话，那么，一条绿色的林带就能对其周围的空气进行净化、气候进行调节、水土进行保持，一片葱绿的树木则能对其片区的空气进行净化、气候进行调节、水土进行保持。如一组关于山东省枣庄市的数字则能很好地说明树木的生态作用：全市森林面积 166 万亩，湿地面积 23.8 万亩，累计发展林业专业合作社 428 家，林业总产值 100 亿元以上，建有省级以上森林公园 15 处，省级以上湿地公园 17 处。全市森林土壤的蓄水量 1 亿吨以上，每年减少水土流失 30 余万吨；在生长旺季每天可吸收消耗 13 万吨二氧化碳，释放 11 万吨氧气；每年吸附粉尘量近 300 万吨；森林碳汇总量 1 170 万吨，碳化价值约 25 亿元。

然而，绿化就是绿化，生态就是生态，并不能完全等同。都是种植树木，如果说随便种植一棵树木是绿化的话，那么，有意识地选种一棵根深叶茂、防风固土的榕树就是生态；都是建设林带，如果随便地种植一排树木是绿化的话，那么，有意识地选种一排根深茎韧、耐咸固沙的海棠就是生态；都是营造林区，如果说随便地营造一片树木是绿化的话，那么，有意识地选种一片根深茎硬、耐旱抗风的木麻黄就是生态。

作为生态树木，绿色是自然的，不过，应具备如下几个特征：一是生态的适应性。即树木应适应当地的土壤、气候和水、特别是适应当地的温、光、水、气和热等生态条件，或者可以说，当地的生态条件是最有利于其生长发育的。榕树、苦楝树和樟树都是典型的热带树木，对热带地区具有生态适应性，在热带地区种植就能很好地生长发育。二是生态的和谐性。即村庄所种植的树木与周边植被在生态上保持一致，从而实现生态的和谐。在热带地区，村庄周边的天然植被大多为厚皮树、毛柃树、蜈蚣草和飞机草等热带植物，因此，种植榕树、苦楝树和樟树等热带树木，就能很好地融合在一起，形成和谐的生态。三是生态的保护性。即所种植的树木能对当地的生态环境进行保护，使其呈良性循环的状况。实践证明，榕树固土、海棠固沙、木麻黄防风。这样，种植这些树木，就能分别达到固土、固沙、防风的效果，就能在土、沙、风方面维护生态。

在村庄，理想的生态树木同样是果树，准确地说，是具有生态适应性、特别是典型生态适应性的树木。在热带地区，就是荔枝、龙眼、石榴和黄皮等果树了。

作为生态树木，固然可种植于村庄的任一地方，不过，若说有所侧重的话，则以村庄四周为主要，因为这样可最大限度地发挥其生态作用，包括调节气候、防风固沙、融合自然等。当然，种植村庄四周的生态树木应以非果类的为主，如榕树、樟树和厚皮树等。

第三节　村庄树木的设计

与村庄道路一样，村庄树木的本质也通过表现而得以体现，而表现也必须通过设计才能得以实现。

一、存在与表现的统一

这里的存在，指的是树木，是作为植物的树木，是作为生命的树木，是生根、发芽、伸茎、分枝、抽杈、长叶、挂果的树木。它们存在于村庄任一可能存在的地方，抑或庭院中，抑或道路旁，抑或其他地方。

这里的表现，指的则是树木的存在方式，即以什么样的方式存在于村庄之中，抑或挂果，抑或遮阴，抑或绿化，抑或美化，抑或生态，抑或文化，抑或多维。

存在与表现的统一，指的自然是树木这一存在所表现的形式与其拟表现的内容相一致。当树木拟表现的是挂果的时候，挂果可食用的树木就应成为所选择的存在。这时，若选择荔枝作为存在，就能很好地实现存在与表现的统一；若选择榕树作为存在，就不能很好地表现存在与表现的统一。因为荔枝所挂之果不但可食用，而且是岭南佳果之一；榕树虽也挂果，但不能食用。当树木拟表现的是遮阴的时候，常绿、树冠大的树木就应成为所选择的存在。这时，若选择榕树作为存在，则能很好地实现存在与表现的统一；若选择木麻黄作为存在，则不能很好地实现存在和表现的统一。因为榕树系常绿大乔木，树高20～30米，树冠3～4米，甚至8～10米，叶呈窄椭圆形，至于上面提到的“小鸟天堂”就更不用说了；木麻黄虽也常绿，也系乔木，树高也达30米左右，但树冠呈塔形，仅宽2米左右，叶呈鳞片状。当树木拟表现的是绿化的时候，常绿、葱绿的树木则应成为所选择的存在。这时，若选择榕树和木麻黄作为存在，都能很好地实现存在和表现的统一；但是，若选择木棉树作为存在，则不能很好地实现存在和表现的统一。因为每到冬季，木棉树都会脱去树叶，光秃秃的，可说是一叶不挂。当树木拟表现的是美化的时候，造型美观和组合合理的树木则应成为所选择的存在。上面提到的龙血树呈伞状，富有美感，选择之，存在和表现得以统一；木麻黄虽呈塔状，但塔状不如塔松，选择塔松，存在和表现统一得更完美；至于人工处理的造型和组合的美完全在于人工，而不在于树种。当树木拟表现的是生态的时候，生态性强的树木自然成为所选择的存在。任何树木都具有生态性，不过，其适应、特别是更适应的区域却不同。樟树、木棉和厚皮树等树木是典型的热带树木，在热带地区植之，就能更好地实现存在与表现的统一；在温带或寒带地区植之，不但不能实现存在和表现的统一，而且能否正常生长发育都会成为问题。当树木拟表现的是文化的时候，富含文化内涵或可赋予文化内涵的树木自然成为所选择的存在。在村庄，有的树木、特别是古树名木往往富含文化内涵或可赋予文化内涵，像上面提到的“小鸟天堂”就是这样。因此，选择其作为存在，就能很好地实现存在与表现的统一；否则，选择其他榕树或其他一般的树木，则不能实现这一统一。当树木拟表现的是多维的时候，也就是拟表现挂果、遮阴、绿化、美化、生态、文化之两种或两种以上、特别是全部的时候，常绿、古老、生态、挂果的树木自然应成为所选择的存在。对热带地区的村庄来说，选择树龄百年以上的荔枝，自然能很好地实现存在和表现的统一；而若选择树龄在百年以下的荔枝，或非常绿的桃树，或非生态的苹果，或非果树的木麻黄，都不能很好地实现这一统一。对于拥有百年树龄以上的荔枝来说，即使还未具有文化内涵，完全可以通过人为的赋予使其具有。

二、单维与多维的统一

客观地说，只要有树木，就有存在，就有表现，问题只是怎样的存在，怎样的表现。如果说荔枝是果树的存在、挂果的表现的话，那么，可以说，榕树是遮阴树木的存在、遮阴的表现，木麻黄是绿化树木的存在、绿化的表现，龙血树是美化树木的存在、美化的表现，厚皮树是生态树木的存在、生态的表现，见血封喉是文化树木的存在、文化的表现。然而，这些都可以看做是树木单维的表现。

只要是树木，就不是单维的，而是多维的。荔枝、榕树也好，木麻黄、龙血树也好，厚皮树、见血封喉也好，都可遮阴、绿化、美化、生态，都可赋予文化内涵，荔枝还可挂果，即都可多维，或都具有多维性，问题只是多维的程度，即遮阴、绿化、美化、生态的程度，当然，也包括挂果的程度。

既然这样，在树木设计、种植时，就应该考虑树木单维与多维的统一。因为统一的强调和实现，就意味着树木的作用能够充分地表现和发挥出来。一般来说，树木单维与多维的统一可通过如下两个方面来实现：第一个方面，就是在突出单维的同时，强调多维的存在。上面关于荔枝、榕树、木麻黄、龙血树、厚皮树、见血封喉的论述足以说明这一点。当然，要实现挂果，只有荔枝。在热带地区，种植温带、寒带树木、特别是典型温带、寒带树木就不适合或不大适合，就难于突出单维，强调多维。十分显然的是，苹果在热带地区就不具有生态性。第二个方面，则是在突出单维的同时，强调多维的充分。关于此，却是不容易做得到的，但却是应该努力的。实生苗生长的荔枝树高叶茂，遮阴好，生态强，但单位面积挂果一般；嫁接苗生长的荔枝树矮冠均，若修剪成半球形，不但单位面积挂果较多，而且株型美观，但生态一般，不能遮阴。这样，当考虑充分发挥的多维是遮阴、生态时，就设计、种植实生苗荔枝；当考虑充分发挥的多维是挂果、美化时，则设计、种植嫁接苗荔枝。这是就同种树木来说的。就不同种树木来说，荔枝和榕树都绿色、生态，都可赋予相应的文化，但荔枝所挂之果可食，榕树所挂之果不可食，不过，却更遮阴。因此，当考虑充分发挥的多维是绿色、生态、挂果和文化时，就设计、种植荔枝；当考虑充分发挥的多维是绿色、生态、遮阴和文化时，则设计、种植榕树。

三、单植与组合的统一

在同一空间，种植一棵树是单植，种植两棵及两棵以上就是组合了。在村庄，既存在单植，也存在组合；既需要单植，也需要组合。因此，在树木设计中，就必须坚持单植与组合相统一。

在村庄，树木单植也好，组合也好，考虑的主要是遮阴和景观。当然，作为树木，在起着遮阴和形成景观的同时，其本身存在或有意发挥的挂果、绿化、生态等作用仍然存在着、彰显着。

在村庄，单植的树木不多，一般种植于庭院和村前，用来遮阴。因此，单植的树木一般选植树高叶茂、树冠较大的树种，如榕树、樟树和荔枝等。

在村庄，树木主要以组合的形式出现。在庭院，树木以多种当地典型的树种、特别是当地典型的果树组合，通过高低错落、远近有度、形式搭配等方式，形成园林。在热带地区，当地典型的果树就是荔枝、龙眼、芒果、黄皮、石榴和青枣等。在路旁，树木则以或连续、或交替等形式组合成带状，成为道路的绿化、美化树木。当一条道路种植一种树木、不同道路种植不同树木的时候，道路就会在树木的彰显下既富有活力、也丰富多彩；当这些树木为当地的典型树木的时候，道路也好，村庄也好，就会透现出地方植物风光了；当这些树木加以人为的艺术处理的时候，道路就成为美的绿色飘带。在公共活动场所，如休闲广场，树木却以多种形式组合成景观，除了单株，除了连续、交替等以外，还有对植、丛植、配植等，既各自形成景观，也与公共活动场所的场地和各种设施一起形成景观。

树木单植也好，组合也好，在村庄来说都是一种组合。单植是单植树木与其他树木的组合；组合首先是各个单植树木之间的组合，然后是与其他单植树木和组合树木的组合。显然，在村庄这一空间，组合必须合理、科学，才能共同存在和发展。

四、保护与营造的统一

在村庄，树木既有自然生长的，也有人工种植的；既有古老的，也有新植的；既有名贵的，也有一般的。这样，就需要保护，也需要营造，更需要两者的统一。

那么，什么是保护？所谓保护，就是对原有树木的保护。在这里，原有树木包括自然生长的和人工植造的。一般来说，保护的主要对象是古树名木。

那么，什么又是营造？所谓营造，则是采用人工的形式种植树木。这里的树木包括已经种植的和准备种植的。不过，在树木保护与营造的统一这一问题上，营造的树木主要指准备种植的。

那么，如何实现保护与营造的统一？由上面的研究可知，保护也好，营造也好，目的基本是一致的，也就是围绕符合人们对树木的挂果、遮阴、绿化、美化、生态和文化需求这一基本目的。基于此，必须坚持以保护为主的原则。即对村庄原有的树木，能保留的尽量保留。同时，必须坚持重点保护的原则。即对重点树木、特别是古树名木要特别加以保护。因为这些树木往往具有不可替代的生态和文化意义。此外，必须坚持最佳的原则。即保护也好，营造也好，最终目的是为了使树木的挂果、遮阴、绿化、美化、生态和文化等能够最大限度地满足人们的需求。

五、自赏与他赏的统一

树木不但有根、茎、枝、杈、叶、花、果，而且有造型，甚至有文化，加上人工的处理和赋予，更是千姿百态，富有韵味，因此，无不存在着美，有的更是具有观赏价值。

有一种这样的说法，叫做距离产生美。就树木来说，不见过的树木都有美感，愈少见的愈有美感，经常见的就熟视无睹了，当然，从未见过的叶美、花美、果美、造型美的树木就会令人惊叹了。

设计、建设村庄的主要目的，就是把村庄建成愈来愈宜居的村庄，有的将其发展成休闲、旅游村庄。如果说休闲村庄主要是为周边市民提供休闲空间的话，那么，旅游村庄则在为周边市民提供休闲空间的同时，还为远方的游客提供旅游目的地。

显然，当设计、建设的村庄仅为了宜居时，也就是为了更适宜村民居住时，种植的树木、营造的树木景观就几乎是为村民欣赏，也就是为了自赏，因此，所选种的树种就应该是村民未曾见过或很少见过的树种。

当设计、建设的村庄主要是为了休闲、旅游时，也就是为了城镇市民休闲、旅游时，种植的树木，营造的树木景观就主要为城镇市民欣赏，也就是为了他赏，因此，所选种的树种则应该是城镇市民未曾见过或很少见过的树种。当然，最理想的树种应是当地典型的树种，如热带地区的荔枝、龙眼、榕树、樟树等。

第八章　村庄设施设计

设施仍然是村庄的构成要素之一，因此，在研究村庄设计中，仍然应该研究设施设计。

第一节　村庄设施的本质

一、村庄设施是民俗文化的载体

在村庄，所设计、建设的设施不少本身就是文化设施。图书室、文化馆等之类就不用说了；篮球场、羽毛球场等之类虽属体育设施，但从广义上，也可归类于文化设施；休闲小径、休闲广场等之类是休闲、娱乐的场所，其文化性自然不可置疑；至于祠堂、土地庙等之类的设施，则是典型的传统文化设施；如此等等。

无疑，所设计、建设的设施有的属于民俗文化，有的则不属于民俗文化。上面的祠堂、土地庙等之类的设施属于民俗文化；图书室、文化馆、篮球场、羽毛球场、休闲小径、休闲广场等之类的设施则属于现代文化。不过，在村庄，在设计、建设中，却应该将民俗文化元素有机地融入这些设施中。如在苗族地区的村庄，将文化馆设计、建设成吊脚楼的建筑风格，文化馆就民俗化了，就成为民俗化的载体了。

当然，在村庄，所设计、建设的设施也有不少本身并不是文化设施。例如，水塔、电杆、电网、牛栏、猪栏和鸡栏等就不是文化设施。尽管这样，在设计、建设这些设施的时候，都应该将民俗文化元素有机地融入进去，使其具有民俗文化的味道。同如在苗族地区的村庄，就应将苗族文化元素有机地融入这些设施中。这样一来，这些设施不但能存在和表现民俗文化，而且由于民俗文化的存在和表现，而与村庄的其他设施、甚至整条村庄形成一个有机的整体。

古民居

二、村庄设施是人们审美的对象

世间事物虽有许多，但可归为两大类：一是自然的；二是人为的。自然的事物，指的是不经人为作用而天然存在着的事物，如日月星辰、海洋湖泊、原始森林和荒坡野岭等；人为的事物，指的是经人为作用而形成的事物，如房屋楼宇、水库堰坡、人工树木和耕地园地等。其实，在这两大类之间，还有一类，就是介于以上两类之间的事物，即虽经人为作用但基本还保持着自然状态的事物。这类事物最为常见、普遍的是山水旅游区，如黄山、泰山、九寨沟和漓江等。

自然事物也好，人为事物也好，都存在着美，都是审美客体，当人们发现之并加以鉴赏的时候，就成为审美对象了。湛蓝的天空是美的，辽阔的原野也是美的；悉尼歌剧院是美的，维纳斯雕像也是美的。如果说自然事物存在之美主要在于大自然的造化的话，那么，人为事物存在之美则主要在于人为的艺术塑造。

吊脚楼

村庄设施都属于人为事物，都是人们为了某种目的而设计、建设的。众所周知，爱美是人类的天性，因此，人们在设计、建设设施的时候，都会在意识或潜意识的驱动下，有意或无意地在确保其具备相应的实用功能的同时，使其符合人们的审美需求。如果说祠堂、土地庙等传统的设施往往存在和表现着传统美的话，那么，文化馆、篮球场等现代的设施则往往存在和表现着现代美。

在设计、建设设施时，尽管潜意识也可在无意中使其存在和表现美，但是，人们却应该在意识的支配下表现美。因为前者所存在和表现的美往往不尽如人意，而后者由于是人们有意识的行为，会符合人们的审美需求。雕像之所以美，之所以能成为艺术品，完全是由于人们根据美的意愿，运用艺术的手法，刻意地雕刻出来的符合人们审美眼光的东西。可以推想，当在设计、建设祠堂、土地庙、文化馆和篮球场的时候，也这样做的话，自然就能极好地存在和表现美。

值得强调的是，在设计、建设设施的时候，应将其置于其所处的环境中。因为这时的设施其实是其所处的环境的一部分。只有当其与所处的环境和谐统一的时候，才能将其所存在的美表现出来，并使其所处的环境成为美的空间。当村庄所存在和表现的是热带文化的时候，在设计、建设文化馆的时候，有机地将热带文化融入进去，就会显得非常和谐。

蒙古包

第二节　村庄设施的表现

村庄设施可以归纳为如下几类或几种表现。

已成为文化符号的算盘

一、日常生活设施

日常生活设施，指的是能满足人们吃、穿、住、行等日常生活需求的设施。

不过，这里的日常生活设施不包括吃饭的碗筷、穿着的衣服、居住的房屋和行走的道路等设施；是不包含这些的日常生活设施。例如，水井、水塔、电杆、电网、水管、水龙头和水池等。

在上述罗列的设施中，水井、水塔、水管、水龙头和水池都是供水设施。但是，却可分为两大类：一类是传统日常生活设施。水井，对大多数村庄来说，已经是不用或几乎不用的设施，而已成为一种文化符号了。一类是现代日常生活设施，如水塔、水管、水龙头和水池，正在使用或准备建设。

对于传统的日常生活设施，其存在的价值主要在于其历史性和文化性，其次在于其建设性和审美性。所谓历史性，就是设施建成、投入使用的年代较久。一般来说，年代愈久的价值愈大。所谓文化性，则是由于这些设施的历史较久，在这一历史时期中无不淀积着相应历史的文化。历史愈长，淀积的文化愈浓厚。当这一设施与某一历史事件或人物相关的时候，则具有特有的历史文化。所谓建设性，也就是设施的大小、形状、肌理和材料等。井口筑成四方形，是一种客观实在；筑成六角形，也是一种客观实在。井口用石块来筑，是一种客观实在；用砖块来筑，也是一种客观实在。所谓审美性，指的是设施所具有的美感。所有设施都是审美客体，而能否成为审美对象却取决于其美的存在、程度和发现。檀木古井，位于湖南省洞口县檀木村，由天然生长的石头围绕而成，一说已有几百年，一说已有上千年。该井水终日不绝，冬暖夏凉，清澈甘甜，灌溉着该村及周边村庄农田，满足着该村及周边村庄上千人的饮水，彰显着其独特的历史性、文化性、建设性和审美性。

对于现代的日常生活设施，其存在的价值则主要在于其实用性和审美性，其次在于其建设性和文化性。所谓实用性，就是设施可以使用于实际生活或活动中的特性。水塔，能储水，就是其实用性；储水愈多，实用性愈强；若因某处穿孔漏水而不能储水了，就不具有实用性。至于审美性、建设性和文化性，其内涵同上，不同的是其对应的是不同的物体，是正在使用或准备建设的设施。华西村的黄金酒店，是国内最大的单体酒店之一，高 328 米，顶部的 61 层有空中花鸟园，空中游泳池，二楼设有 2 000 平方米的购物区，集高大、豪华、美丽、实用于一体，极大地彰显着实用与审美的统一。

二、生产设施

生产设施，指的是进行各种产品生产的设施。

客观地说，日常生活设施在所有村庄都有，但生产设施则不见得在所有村庄都有。不过，一般来说，那些规模比较大的村庄都有。

根据生产产品服务的对象来分，生产设施可分为两大类：一是生产产品以服务当地村民和到当地休闲、旅游的游客为主，如酒家、商场等；一是生产产品以服务外地消费者为主，主要是农产品加工企业，如菠萝加工厂、芒果加工厂等。

像菠萝加工厂、芒果加工厂之类的设施，大家都很容易理解。菠萝加工厂生产菠萝罐头、菠萝干等菠萝加工产品，并满足着消费者对菠萝加工产品的需求；芒果加工厂生产芒果汁、芒果酱等芒果加工产品，满足着消费者对芒果加工产品的需求。

像酒家、商场之类的设施，大家难于理解。酒家通过生产加工、招待等服务产品，将饭菜等提供给消费者，满足消费者对饭菜等的需求。

传统的生产设施，也像传统的日常生活设施一样，其存在的价值首先在于其历史性和文化性，其次在于其建设性和审美性。土糖寮是昔日的蔗糖生产设施，由主寮、牛寮和绞场三大部分组成。主寮是煮糖的场所，煮糖的灶、打糖的床和堆备的燃料都在这里；牛寮是牛休息的地方；绞场是榨蔗的地点。工作时，一般每一轮同时三头牛上场，通过牛来拉动石绞，将蔗压出汁，然后经过煮练、蒸发和澄清等环节，制成糖品。土糖寮及其工艺兴起于何时笔者没有考证过，但至少在唐代就有记载。20 世纪初以来，土糖寮逐渐被现代化糖厂取代，现已退出历史舞台。尽管这样，其制糖的原理却由现代化糖厂所延续，或者可以说，现代化糖厂制糖仍然是压榨、煮练、蒸发和澄清，不同的只是更科学、更有效。因此，通过土糖寮，可以看到甘蔗糖业的发展历史，品读甘蔗糖业的历史文化，认识昔日甘蔗糖业的制糖设备及其工艺，溯源现代甘蔗糖业的制糖原理，展望未来甘蔗糖业的制糖设备及其技术。

现代的生产设施，同样像传统的日常生活设施一样，其存在的价值首先在于其实用性和审美性，其次在于其建设性和文化性。客观地说，在村庄，存在的生产设施大多为酒家、商场之类的生产设施，菠萝加工厂和芒果加工厂之类的很少，此类生产设施一般远离村庄。上面提到的黄金酒店，既是现代日常生活设施，也是现代生产设施。作为日常生活设施，黄金酒店通过生产加工、招待等服务产品，为人们、特别是为村民提供饭菜这一日常生活消费品；作为现代生产设施，黄金酒店同样通过生产加工、招待等服务产品，为人们、特别是为游客提供饭菜这一品尝消费品。追求实用性和审美性、特别是两者的有机统一，是现代生产设施的设计、建设方向。

三、文化设施

文化设施，指的是存在和表现着各种文化以及进行各种文化活动的设施。

从定义来看，文化设施分为存在和表现着各种文化的设施以及进行各种文化活动的设施。

客观地说，任何设施都存在和表现着文化。因为任何设施的设计、建设无不是当时当地经济、技术和文化等的反映。最典型的莫过于建筑，苗族地区的吊脚楼表现着“天人合一”的理念，北京地区的四合院表现着皇权思想，内蒙古地区的蒙古包表现着草原文化，就是最好的诠注。

不过，这里所说的存在和表现着各种文化的设施，指的是刻意地设计、建设成存在和表现着文化、而不一定进行各种文化活动的设施。华西村的华西金塔就是这样。它7级17层，高98米。其只是作为华西村的标志性建筑，标志着华西村城市化进程的领先地位，标志着“天下第一村”的名副其实。

对于文化设施来说，更多的、更主要的却是用来进行各种文化活动的设施；或者可以说，这是人们刻意地设计、建设成进行各种文化活动的设施。祠堂，用来传列祖先牌位；土地庙，用来供奉土地神；农家书屋，用来排放图书、报刊；篮球场，用来开展篮球比赛。

尽管这样，文化设施像日常生活设施和生产设施一样，有传统的和现代的之分。然而，有一点值得注意的是，传统文化设施并不一定是昔日设计、建设的，而有相当一部分仍是今日设计、建设的或拟设计、建设的。

昔日设计、建设的传统文化设施也好，今日设计、建设或拟设计、建设的传统文化设施也好，都应该存在和表现传统文化。因为一旦失去传统文化，就无所谓传统文化设施了。祠堂也好，土地庙也好，都是传统文化设施，即使今日设计、建设，也应采用昔日的建筑风格，以存在和表现传统文化，存在和表现祠堂文化、土地庙文化。

至于现代文化设施，其存在的价值也像日常生活设施和生产设施一样，首先在于其实用性和审美性，其次在于其建设性和文化性。不过，对于现代文化设施来说，实用性和文化性是同一的，即其不但存在和表现于外观造型的文化彰显上，而且存在和表现于内部功能的使用满足上。农家书屋可算是现代文化设施，在设计、建设中，就不但应使其外观造型富含文化韵味，而且应使其窗明几净、光线充足、通风透气、书报多样、排放整齐、取放方便、座椅舒适、适合阅读等。

在此，有一个问题值得强调，即在文化设施中，有的在设计、建设的时候并不是为了存在和表现文化，也不是为了进行文化活动，但是，由于名人曾经居住、生活或重大历史事件曾经发生、经历，而成为文化设施。如果说中山市翠亨村孙中山故居由于一代伟人孙中山曾经居住、生活而成为文化设施的话，那么，延安宝塔则由于中国共产党领导全国人民开展革命活动而成为文化设施。这些设施突出的是文化性，是其对人物和事件的见证，是名人文化和历史文化的淀积，当然，也有其他文化的存在和表现。

第三节　村庄设施的设计

与村庄道路、树木一样，村庄设施的本质仍然通过表现而得以体现，而表现仍然必须通过设计才能得以实现。

一、自需与他需的统一

村庄设施是生活的必需，并随着生活水平的提高和生活内容的丰富，而日益多样。不过，值得注意的是，这里的生活包括村民的生活和游客的生活，特别是随着农业旅游的发展，游客的生活所占比重会愈来愈大。这样，就存在自需与他需的问题。

设施自需也好，他需也好，都仅仅是一方面的需求，其利用效率都较低；只有既是自需，也是他需，同时满足两方面的需求，其利用效率才较高。祠堂是这样，观光亭也是这样。祠堂是村民传列、祭拜先辈的地方，村民一般都会到那里活动，传列、祭拜先辈；但是，若宅破屋漏、垃圾满地，游客是不会前往的，更不会驻足。观光亭是游客旅游、观光的设施，游客一般也会到那里活动，观光、欣赏景点、景物；但是，若影响行人走车，村民自然很少前往，更不会停留。因此，在设计、建设的时候，就应该设法使自需与他需统一起来。

设施实现自需与他需的统一，首先在于做到他需的设施都应该是自需的。观光亭主要是供游客旅游、观光的设施，即主要是他需的。但是，如果仅限于他需，一来村民不能加以利用，二来由于游客未必经常来旅游、观光而得不到经常利用。而如果也是自需的，则村民可以加以利用，特别是能够在游客不来旅游、观光的时候加以利用。那么，怎样做到他需的设施能够自需？具体来说，则是将观光亭设计、建设成既可供人们旅游、观光，又可供村民小憩、聊天的设施。

设施实现自需与他需的统一，其次在于做到设施具有审美性和文化性。如果说设施的审美性可以给人以欣赏的话，那么，设施的文化性则可以给人以品读；如果说设施的建设性和实用性仅可满足使用者的需求的话，那么，审美性和文化性则可满足所有人的需求。祠堂主要是供村民传列、祭拜先辈的。当其造型一般、文化一般的时候，游客自然不感兴趣，即使经过也不会停留、驻足，更不会欣赏、品读；当其建筑风格特别、又是名人家族祠堂的时候，游客自然会感兴趣，并会专程前往欣赏、品读。

广东省江门市恩平市圣堂镇歇马村

二、多样与功能的统一

随着生活水平的提高，人们愈来愈追求丰富多彩的生活，而此必须依托多种多样的设施。如果说每一种设施可以存在和表现一种生活方式的话，那么，多种多样设施就可以存在和表现丰富多彩的生活方式。

在设计、建设设施的时候，既要追求多样性，也要追求功能性；追求多样性，以满足生活丰富多彩的需求，追求功能性，以实现生活丰富多彩的可能。

江苏省江阴市华士镇华西村

三、形式与内容的统一

任何设施都有其存在和表现的形式。祠堂是房屋的形式，农家书屋也是房屋的形式；水井是井的形式，水塔是塔的形式。

任何设施也都有其存在和表现的内容。祠堂是传列、祭拜先辈的内容，农家书屋是存放书刊和阅读的内容；水井是提供水源的内容，水塔是储水的内容。

时下兴建的农家书屋大多都是现代的，从建筑材料到建筑风格都是，水泥框架，铝合金门窗，瓷砖墙体，大多为“火柴盒”式。有的屋顶盖上琉璃瓦，有的加以文化修饰，通风透气，采光率高。

四、建筑与文化的统一

大凡设施都可看做一种建筑物。文化馆、祠堂就不用说了，水塔、水井也可理解，即使是篮球场、土地庙同样也是可视的。

大凡建筑也都无不烙印着一定的文化。因为从某种意义上说，文化是地理、经济、技术、生活和习俗等的淀积，而建筑无不是在一定的地理、经济、技术、生活和习俗等条件或氛围下建设的。如果说水井是人工提水条件下的产物的话，那么，水塔就是机械提水条件下的产物。

尽管这样，设施文化的存在和表现大多都是无意识的或潜意识的，特别是在过去更是这样。由此，设施文化的存在和表现往往不明显、不充分、不准确、不全面。

设施建筑与文化的统一，树立意识很有必要。即在设计、建设设施的时候，有意识地根据建筑的功能、作用、特点、风格等，将相应的、必要的文化元素设计、建设进去，使设施成为富含文化内涵的设施。

设施建筑与文化的统一，选择文化很为关键。即在设计、建筑设施的时候，应全面、深入、系统地了解当地的文化，然后选择具有代表性、典型性的文化，作为建筑之文化，也就是有机地融入建筑之中。一般来说，文化分为传统文化和现代文化两大类。当建设的是祠堂和土地庙等传统文化设施的时候，就应该选择传统文化；当建设的是文化馆和篮球场等现代文化设施的时候，则应该选择现代文化。

华西金塔

设施建筑与文化的统一，彰显文化很为实在。即在设计、建设设施的时候，应切实地将所选择的具有代表性、典型性的文化有机地融入建筑之中，使文化成为有形化、符号化、建筑化、美学化的东西。这样，建成的设施不但富含文化韵味，而且会在文化的彰显下更加美丽，可审美，可品读。

第九章　村庄卫生设计

布局设计、住宅设计、庭院设计也好，道路设计、树木设计、设施设计也好，都属于村庄的硬件设计；卫生设计则属于村庄的软件设计。随着社会的发展，特别是文明程度的提高，卫生在村庄中日显重要，因此，在村庄设计的研究中，应该包括卫生设计。

第一节　村庄卫生的本质

一、村庄卫生是村庄的清洁

卫生，既是措施，也是状态。作为措施，卫生是为增进人体健康，预防疾病，改善和创造合乎生理、心理需求的生活环境所采取的措施；作为状态，卫生是有利于人体健康，预防疾病发生，合乎生理、心理需求的生活环境。

然而，不管怎样，清洁却应该是卫生最基本的要求。清洁，在村庄，对大环境来说，就是没有垃圾，没有破袋，没有牲畜粪便，没有残留污水；道路没有，庭院没有，公共活动场所更没有。对小环境来说，则是门窗是明亮的，墙壁是洁白的，地板是整洁的，桌椅是干净的；没有杂物，没有废纸，没有尘埃，没有脏水。

因此，在村庄卫生中，搞好清洁既是必要的，也是基本的；应从清洁做起，将垃圾清除出去，将环境打扫干净，将房屋打扫干净，使卫生成为可能，甚至成为必然。

二、村庄卫生是村庄环境不但不对人体的健康造成威胁，而且有利于人体健康

人们追求村庄卫生的目的是为了人类的健康。因此，村庄卫生的目标就不应仅停留在清洁的层面、卫生的层面，而还应使村庄环境不但不对人体的健康造成威胁，而且有利于人体健康。

卫生的村庄环境有利于人体健康。村庄环境卫生了，就意味着空气清新了。清新的空气氧气浓度大。众所周知，氧是维持生命最重要的能源，人体通过吸入氧气，呼出二氧化碳，获得生命能源；氧是维持肌体免疫功能活力的关键物质，人体通过吸入氧气，氧化摄入的营养物质，经过细胞利用，转化成能量，供给各个组织器官，保证免疫系统正常运转。

氧气对人体健康具有促进作用。事实上，负氧离子对人体健康的作用更明显。负氧离子被誉为“空气维生素”，对呼吸系统、神经系统、心血管系统、消化系统、内分泌系统、代谢系统、免疫系统、血液系统、运动系统等都有促进作用，从而有利于人体健康。

村庄卫生做到有利于人体健康的层面，既是可能的，也是必要的，这就要求人们应该采取有效措施，以期达到这一层面。众所周知，树木有一个特点，就是在进行光合作用的时候，吸入二氧化碳，呼出氧气，这就意味着植树可增加空气中氧气的浓度。当然，一棵树的效果是轻微的，但是，十棵、百棵、千棵、万棵的效果就不同了；在村庄，通过植树，可以增加氧气的浓度，促进人们的身体健康。枣庄市有 166 万亩森林，23.8 万亩湿地，在生长旺季每天可吸收消耗 13 万吨二氧化碳，释放 11 万吨氧气。

三、村庄卫生使村庄生态链条处于良好的平衡、循环状态

大凡村庄都由许多要素组成，包括布局、住宅、庭院、树木、道路等，也包括气候、土壤、水、生物等，还包括人类、畜禽、虫鸟等。村庄的存在和发展其实就是这些要素的共同存在和发展。显

然，要实现这一目的，必须使其生态链条处于良好的平衡、循环之中。

氧气浓度是卫生的标准之一，也是影响生态的因素之一，还是影响生态链条的因素之一。在村庄，氧气浓度较高，就意味着可给村民提供充足的氧气；村民在吸入氧气的同时，呼出二氧化碳，给生命以活力，给身体以健康；树木在进行光合作用时，却会利用二氧化碳进行，合成物质，生根、发芽、伸茎、分枝、长叶、开花、结果，不但会进一步净化空气，而且会净化环境，绿化、美化环境，调节小气候，涵养水分。

无疑，将卫生做到使村庄生态链条处于良好的平衡、循环状态是其最高水平、理想追求。在村庄卫生工作中，就应该努力争取之。

第二节　村庄卫生的表现

在村庄，硬件的本质可表现，软件的本质一样可表现。村庄卫生的表现如下：

窗明几净的餐厅

一、畜禽圈养

在村庄，养殖猪、牛、羊等牲畜和鸡、鹅、鸭等家禽既是一种职业，也是一种生活。作为职业，养殖的目的是为了生产肉类，通过满足市场的需要来增加经济收入；作为一种生活，养殖的目的是为了增加生活的内容，通过养殖的方式来获取生活的乐趣。当然，作为职业也好，作为生活也好，都是相对来说的。

不过，随着畜禽养殖的商品化、规模化和工厂化，畜禽养殖愈来愈远离村庄；村庄养殖畜禽的职业性愈来愈弱，生活性愈来愈强，家禽更是这样。

牲畜也好，家禽也好，都是动物，都是会走动的，只有给予自由，可到达村庄的任一地方、任一角落；牲畜也好，家禽也好，都会有粪便，都会排粪便，只要需要排，就会随时随地排，这样，自然就会存在这样一个问题，畜禽粪便对环境带来了污染。

因此，在村庄，就应该对畜禽的活动加以限制，或称为圈养，使其活动局限于一定的范围之内，并以不影响人们的正常生活为度，具体表现在：畜禽的活动至少局限于非公共活动场所之内。这里的公共活动场所至少包括文化活动区、商贸活动区、非畜禽的生产活动区和道路等。

随着畜禽的圈养，畜禽的粪便就不再影响、污染村庄，特别是公共活动场所，是清洁、卫生的，甚至可以说，村庄是清洁、卫生的。

二、窗明几净

在村庄，住宅是主要的房屋，也是主要的建筑，还是主要的构成要素，更是主要的生活和活动空间，因此，住宅的清洁、卫生非常重要，做到窗明几净非常必要。

在村庄，对农户来说，房屋除了住宅外，还有厨房、车库、杂物室等。在这些房屋中，最为重要的要算厨房，特别是那些与餐厅连在一起的厨房，清洁、卫生自然要讲究，窗明几净自然要追求。

至于车库、杂物室等，能做到窗明几净固然更好，不过，基本的清洁、卫生也是需要的。

在村庄，如果说以上房屋为私家房屋的话，那么，文化馆、商场、酒家、影剧院、祠堂和土地庙等则属公共房屋。尽管不见得人人都到这些房屋生活和活动，但是，大多数人都曾到这些房屋生活和活动。这样，这些房屋就需要讲究公共卫生，讲究窗明几净。

三、环境清洁

在村庄，相对于房屋来说，环境是一个更大的空间，道路、公共活动场所、绿地、空地、池塘、周边环境等都属于这一空间。作为村庄卫生来说，这些空间都应清洁。

作为表现，环境清洁应该是环境没有垃圾，没有废袋，没有污水，更没有畜禽粪便，给人以干净整洁的感觉。这时，若仍有落叶的话，给人的感觉不是垃圾，而是环境的装饰、自然的美化。

作为表现，环境清洁应该是环境的所有空间，包括道路、公共活动场所、绿地、空地、池塘、周边环境等，即使是人们不经常到的地方也一样，都会给人以干净整洁的感觉，清洁不仅是人们的需求，也是环境的要求。

作为表现，环境清洁应该是环境空间的所有时间，即不是某月某日，更不是某时某刻，而是时时、日日、月月、年年。如果说白天能给人以干净整洁的视觉感受的话，那么，黑夜也能给人以干净整洁的心理感受。

四、空气清新

上面谈到，空气状况是衡量村庄卫生的一个重要指标。不过，值得注意的是，要想了解空气的理化状况，必须通过仪器、药物来测定，这是空气状况的本质问题。而作为表现，应是肉眼可见的。因此，村庄卫生的表现，在空气方面就应该是清新。

空气清新，自然是空气中看不见滚滚烟尘。滚滚烟尘不但会挡住人们的视线，会使人呼吸困难，而且会使衣袖变脏。

空气清新，自然还是空气能给人以清凉、舒适的感觉。这时的空气比较纯净，可说是纯天然的空气，含有正常含量的氧气，呼吸之，是那样的清凉，那样的舒适。

空气清新，自然更是空气能给人以生命的活力。这时的空气不但纯净，而且富含氧气，甚至富含负氧离子，深深地呼吸一下，就会精神抖擞起来，顿觉生命增强了活力。

第三节　村庄卫生的设计

一、设施与方法的统一

这里的设施，指的是清洁卫生所用的工具，包括垃圾池、垃圾桶、垃圾铲、垃圾车、扫帚、灭蚊器、蚊香等。

这里的方法，指的则是清洁卫生所用的做法，包括物理的、化学的、生物的等。物理的方法，如用扫帚来扫垃圾；化学的方法，如用灭蚊器来喷洒灭蚊剂以消灭蚊子；生物的方法，如通过猫来捉老鼠。

各种方法的使用都必须配套相应的设施。因为设施是方法得以实现的条件和保障，方法是设施价值存在和表现的途径。使用物理方法，必须配备扫帚、垃圾铲、垃圾桶、垃圾池等设施，当垃圾池设置在较远的地方的时候，则还应配备垃圾车。使用化学方法，当针对的是蚊子的时候，就应配备灭蚊器、蚊香等设施。做到了这些，就是实现了设施与方法的统一。

在此，专门介绍一种现代的垃圾处理方法，即建设生活垃圾焚烧发电厂，用焚烧的形式来处理垃圾。这种方法不但能使垃圾燃烧完全，实现有效处理垃圾，而且做到环保，做到烟气排放达到国家的排放标准，厂区及周边完全无臭无味，废水零排放，噪音完全控制；同时，利用飞灰、炉渣制造混凝土原材料，实现对废物有效控制。此外，利用垃圾焚烧产生的余热发电，实现能源的循环再利用。

二、制度与行为的统一

卫生既是措施，也是状态，当然也可以说，是措施达成的状态，这就无不要求人们采取卫生的措施，以达到卫生的状态。

无疑，卫生的措施有许多，不过，可以归纳为两大类：一是制度；二是行为。所谓制度，就是为确保卫生工作的进行，并达到卫生标准的要求，而制定出来的供大家共同遵守、执行的条文；所谓行为，则是围绕卫生标准，开展卫生工作的具体行动。

在村庄卫生中，制定卫生制度很重要，特别是人们的素质还不那么高、自觉程度还不那么高的时候。这时，通过卫生制度的贯彻、落实，就能使人们朝着既定的目标，采取相应的措施，履行各自的职责，做好卫生工作，实现村庄的清洁卫生。

然而，清洁卫生的进行和取得最终落实于人们的行动上，“扫帚不到，灰尘不会自动跑掉”，因此，人的因素始终是第一位的，即提高人们的卫生素质，树立卫生意识，培养卫生习惯十分必要。当人们的卫生素质提高到一定程度，卫生意识牢固树立，卫生习惯深入人心的时候，清洁卫生就会成为人们的一种自觉行为。这时，卫生制度有与没有意义都不大，但是，村庄卫生却成为村庄的一种常态，成为村庄的一种风景，成为人们的一种生活方式。

制度与行为的统一，就是通过制度的制定，来约束人们的行为，以达到村庄卫生的目的；同时，通过素质的提高，来使人们的行为成为自觉，以实现在自觉中达到制度既定的卫生目标。目前，不少村庄都制定了乡规民约和保洁员制度，配备了保洁员，并实行村收集、镇集中、县处理的垃圾处理模式。有的还成立专门的保洁公司，采取产业化的形式，清洁、收集、处理垃圾。

三、治标与治本的统一

村庄卫生，既要治标，更要治本。

所谓治标，指对村庄卫生上存在和表现的问题不从根本上加以解决，仅对显露在外的枝节问题作应急处理，追求一时表面上的清洁卫生。将地面上的垃圾打扫干净，是治标；将桌椅上的灰尘擦洗干净，也是治标；将绿化带中的破袋清除干净，同样是治标。治标，虽不从根本上解决问题，但的确使村庄变得干净，给人以视觉上的清洁感觉。

所谓治本，是相对治标来说的，则指对村庄卫生上存在和表现的问题从根本上加以解决，不但对显露在外的枝节问题，而且对深藏在内的根本问题做彻底处理，追求持续的、内在的清洁卫生。将垃圾放到垃圾桶、垃圾池里，不把其丢到地面上，丢进绿化带里，是治本；绿化村庄，清除污物，净化环境，也是治本；树立卫生意识，制定卫生制度，养成卫生习惯，同样是治本。可见，治本，可从根本上解决问题，不但可使村庄长期保持干净，而且给人以生理上的卫生保障。

治标与治本的统一，关键在于做到以治本为归宿、为目标，以治标为抓手、为行动，即在村庄卫生中，应围绕治本这一归宿、目标，从治标开始，行动起来，狠抓落实，坚持每日之清洁，打扫每日之卫生，循序推进，逐一解决，形成制度，养成习惯，集小成为大成，集实在成根本，最终达到从根本上实现村庄的清洁卫生。

四、表观与内在的统一

村庄卫生的最终目的，在于有利于人体健康，有利于你、我、他的身体健康，而不是为了表观上的清洁，面子上的好看，因此，必须坚持表观与内在的统一。

坚持表观与内在的统一，就是做到内外统一。不但做到村内清洁卫生，而且做到村庄四周清洁卫生；不但做到庭院内清洁卫生，而且做到庭院外清洁卫生；不但做到住宅内清洁卫生，而且做到住宅外清洁卫生；不但做到房间内清洁卫生，而且做到房间外清洁卫生。

坚持表观与内在的统一，也就是做到表里统一，不但做到衣柜面清洁卫生，而且做到衣柜内清洁卫生；不但做到书架面清洁卫生，而且做到柜斗内清洁卫生；不但做到床面清洁卫生，而且做到床底清洁卫生；不但做到盒子外表清洁卫生，而且做到盒子内部清洁卫生。

坚持表观与内在的统一，还就是做到表面实在统一。所谓表面，就是肉眼的可感觉；对村庄卫生来说，则是其能给人以肉眼感觉上的清洁卫生。所谓实在，也就是事物的客观；对村庄卫生来说，则是其符合人们的健康需求。如果说畜禽圈养、窗明几净、环境清洁和空气清新可给人以肉眼感觉上的清洁卫生，即表面的清洁卫生的话，那么，环境净化、空气优质和食品安全则可给人以健康需求上的清洁卫生，即实在的清洁卫生。

第十章　村庄文化设计

第一节　村庄文化的本质

一、村庄文化是村民生活的淀积

任何文化都是事物产生、形成的淀积，村庄文化也一样。它是村民生活和活动的淀积。

村庄是亲近自然的，是依托农业的，是血缘聚集的，是民俗文化的，因此，村庄文化具有自然性，或者可以说，是村民以乡村为空间生活的淀积结果。在自然的空间中，村民的生活充满自然性。“日出而作，日落而归”，既是自然的旋律，也是劳动的规律，还是生活的方式。每到荔枝、龙眼和芒果等水果收获的季节，在果园里采摘水果，彰显着自然性。

村庄文化又具有淳朴性，是村民以农业为依托生活的淀积结果。农业是一个十分接地气的产业，作物种在田园上，给它中耕、除草、施肥、灌水，它就会茁壮成长，生根、发芽、伸茎、分枝、长叶、开花、挂果，到了收获季节，就硕果累累了。若是水稻，则是金光闪闪的一片；若是荔枝，却似火红火红的一片。然而，也来不得半点的马虎，不灌水，就会枯萎，不施肥，就不健壮。

村庄文化也具有亲情性，是村民以血缘为纽带生活的淀积结果。在共同血液的联系下、涌动下，大家不时互相帮助，互相过问，今天你帮我挑一担水，明天我帮你劈一捆柴，到了水稻收获季节，更是今天你到我的田园与我一起割稻，明天我到你的田园与你一起割稻，到处充满着亲情，洋溢着亲情文化。

村庄文化还具有民俗性，是村民以传统的方式生活的淀积结果。传统的生活方式渗透到生活的各个方面，吃、穿、住、行无一例外，吃农家饭，穿民族衣，住民俗宅，行乡村道。在少数民族地区，穿民族衣就十分普遍了，不见得每年365天都穿，但是，逢年过节、红事白事都会穿，苗族地区是苗服，藏族地区就是藏服了。这些无不使村庄形成民俗文化。

二、村庄文化是乡村文明的表现

村庄文化不但是村民生活的淀积，而且是村民先进生活方式的淀积。因为追求进步、向往美好是人类的天性。大凡人类都希望吃得可口、卫生，穿得得体、大方，住得雅致、舒适，行得快捷、安全。

人类的这一追求贯穿于人类产生和发展的始终。上面提到的吊脚楼是昔日苗族人民的居住房屋，也是昔日苗族人民的居住方式。这一住宅就十分科学，依山傍水，高低错落，伸有吊脚。依山傍水，不但符合当地山多、水多、平地少这一地形地势的客观实际，而且做到尽可能少地占用平地、占用耕地，充分体现了“天人合一”的理念；高低错落，使住宅有形有款，富有美感；伸有吊脚，既使依山傍水成为可能，又使住宅做到最少限度地占有水面，还使住宅富有情趣。这是外观，是造型。即使是内部布局，在当时来说也是科学的、合理的。

文化馆和篮球场都是现代文化的一种存在和表现的形式。文化馆以楼房为载体和空间，演绎现代文化。那里存放着各种图书、刊物和报纸，使村民能够通过它们学习前人的智慧结晶，增长生活和生产的知识；进行着文艺演出、书画展览、民歌比赛和弹琴下棋等文化活动，陶冶人们的情操，提高人们的素质，规范人们的行为。

篮球场以球场为载体和空间，演绎现代体育文化。

广东省开平市塘口镇自力村

三、村庄文化是村庄生命的灵魂

村庄由住宅、庭院、道路、树木和设施等要素构成。这些要素既以个体性独立存在着，又以整体性有机地联系着。

村庄是人类在乡村中的生活聚集群落。人们在那里生活和活动着，进行着吃、穿、住、行等日常生活，从事着集资、修路等社会事务，开展着宣传、选举等政治活动，演绎着节日庆典、红事白事等民风民俗。

然而，能够成为村庄生命灵魂的却是村庄文化。在苗族地区，村庄文化是苗族文化，吊脚楼也好，竹筒饭也好，其存在和表现的文化虽然可分别叫做建筑文化和饮食文化，但是，归根到底都属于苗族文化。

村庄文化并不是村庄各类文化的简单组合，而是它们的升华。在苗族地区，吊脚楼依山傍水，高低错落，伸有吊脚，存在和表现的是“天人合一”的理念；竹筒饭用原生的竹筒和大米来制作，存在和表现的也是“天人合一”；其他不少也无一不是。苗族地区的村庄就在这些文化的基础上概括、抽象、升华出的特有的村庄文化，也就是存在和表现着“天人合一”理念的苗族文化。

四、村庄文化是农村发展的导航

村庄文化是村民生活的淀积，是乡村文明的表现，这无不表明，村庄文化具有先进性和发展性。所谓先进性，就是村民在生活与活动的过程中，有意无意淀积的文化都是当时当地先进的，甚至是最先进的。所谓发展性，则是村民在生活与活动的过程中，总会自觉不自觉地将先进的文化淀积，充实到已形成的文化之中。

众所周知，文化具有反作用，即对淀积、形成其事物具有引导、促进作用，村庄文化也一样。既然村庄具有先进性、发展性，那么，村庄就会在村庄文化的作用下，朝着先进的方向发展。在苗族地区，昔日的吊脚楼就是当时当地先进文化的代表，在它的推动下，这一建筑风格得以在山多水多平地少的苗族地区推广、普及，成为当时当地的主要建筑形式。

第二节　村庄文化的表现

村庄卫生尚可表现，村庄文化更可表现。其表现的形式主要有如下八种类型：

万世师表——孔子

一、民俗物质文化

物质文化，指的是以物质的形式存在的文化，民俗物质文化，指的是乡村中以物质形式存在的传统文化。如寺庙、民族服装和八仙桌等就属于民俗物质文化。

寺庙，是宗教信徒朝拜的地方，汇聚着天文、地理、建筑、绘画、书法、雕刻、音乐、舞蹈、文物、庙会和民俗等方面的历史文化。我国最早的寺庙是白马寺，位于河南洛阳市东部，由官方营造，主要建有天王殿、大佛殿、大雄殿、接引殿、毗卢阁、齐云塔等建筑。

服装，是鉴别民族的主要标志之一。苗族服饰是我国最为华丽的民族服饰之一，堪称是中华文化之奇葩，历史文化之瑰宝。其一般经过种麻、收麻、绩麻、纺线、漂白、织布等程序而成布匹，通过刺绣、蜡染、裁缝等工艺而成服饰。其刺绣和蜡染图案特别讲究“规整性”和“对称性”，即挑花刺绣的针点和蜡染时的染距或等距，或对称，或重复循环，既有规整之规律，又有丰富之变化。

八仙桌，我国最为传统的家具之一，始于有虞氏时代，盛于明清时期。在清代，更是从京城的达官显贵到乡村的平头百姓几乎家家都有八仙桌，甚至是很多家庭唯一的大型家具。其结构简单，用料经济，形态方正，坚固耐用，稳固平和，雅俗得体，每边可坐，每桌八人，可吃饭饮酒，可祭神拜祖，既是家具，也是文化。

二、民俗非物质文化

非物质文化，指的则是以非物质的形式存在的文化。民俗非物质文化，指的则是乡村中以非物质形式存在的传统文化。非物质文化也好，民俗非物质文化也好，尽管是非物质，但是，往往都可物化，并都有其物化的形式。例如民间故事、民间谚语和民族舞蹈等，则属于民俗非物质文化。

民间故事，是民间散文作品的通称，具有创作的民间性、内容的虚构性、形式的散文性、载体的口头性等特性。民间谚语，是流传于民间的表达某种经验的简单话语，具有创作的民间性、内容的经验性、形式的韵语性、表达的简练性、载体的口头性等特性。民族舞蹈，是产生并流传于民间、表达民俗文化的舞蹈，具有创作的民间性、内容的民俗性、形式的规范性、表演的即兴性、载体的歌舞性等特性。

三、古民居

古民居，一般指明清时期及其之前在乡村中建设的住房。民俗物质文化和民俗非物质文化往往普遍存在于所有村庄，但是，古民居仅存在于古村落。古民居的最大特点是建筑年代较久、民俗文化较浓、鉴赏价值较高。蔡氏古民居、王氏老屋和大夫第等均属古民居之典型。

蔡氏古民居，位于海上丝绸之路起点、宋元“东方第一大港”的福建泉州，系南派古建筑，红砖做墙，红瓦做顶，白色花岗岩做台阶石，屋顶为两端微翘的燕尾脊，壁、廊、脊等细部装饰十分精致，独具一格，存在和表现着融汇中原文化、闽越文化和海洋文化的闽南文化，被誉为“闽南建筑大观园”。

王氏老屋，位于湖北省通山县洪港镇江源村，建于清代，距今180余年。系该村进士王迪吉与大财主王迪光兄弟等人所建。王氏老屋由东西关联的正屋与横屋组成，占地1 404.36平方米，砖木混构，整个建筑高大庄重，彰显建筑艺术价值。

大夫第，位于湖北省通山县大路乡吴田村畈上王自然湾，系清末知县王明璠的府第。大夫第占地6 600平方米，有28个天井，48间正房，16间厢房，还有家祠、家学、马厩、碾房、织房、柴房、厨房和杂役间等30余间，并配有“怡济药房”、家庭戏楼和牢房等，被称为“江南第一宅”“楚天第一大夫第”。

四、名人遗址

名人，是相对来说的，有世界性的，也有全国性的，还有地区性的；名人，也是有不同领域的，有政治、经济的，也有文化、科学的，还有其他的。名人遗址，自然就是名人曾经生活、活动并留下痕迹的地方。既然是名人遗址，就不会有许多，因此，拥有名人遗址的村庄就像拥有古民居的村庄一样，很少。这里介绍梁启超故居、沈从文故居。

梁启超，中国近代思想家、政治家、教育家、史学家、文学家。其故居位于广东省江门市新会区会城街道南郊的茶坑村，是梁启超出生、成长的地方，系全国重点文物保护单位。整个建筑群建于清光绪年间，建筑面积412平方米，由故居、怡堂书屋、回廊组成，砖木结构。

沈从文，现代著名作家，历史文物研究家，京派小说代表人物。其故居位于湖南省凤凰县凤凰古城，是沈从文出生和童年、少年时期生活的地方，系全国重点文物保护单位。故居始建于清同治五年（1866年），系木结构四合院建筑，占地600平方米，分为前后两栋共房屋10间，鳌头，镂花门窗，小巧别致，古色古香，具有浓郁的湘西特色。故居陈列有沈老的遗墨、遗稿、遗物和遗像。

五、重大历史事件遗址

重大历史事件，也是相对来说的，有世界性的，也有全国性的，还有地区性的。重大历史事件遗址，自然则是重大历史事件曾经发生、经过并留下痕迹的地方。它像名人遗址一样，很少。下面列举的是周口店北京人遗址、河姆渡遗址和大包干纪念馆。

周口店北京人遗址，位于北京城西南房山区周口店龙骨山脚下。1929年，中国古人类学家裴文中先生在龙骨山发掘出第一颗完整的北京猿人头盖骨化石。据考证，这里是距今约2万年前的山顶洞人化石和文化遗物，遗存着40多个尸体的头盖骨、下颌骨、牙齿等化石和丰富的石器、骨器、角器与用火遗迹，无愧为人类远古文化宝库。现建有周口店遗址博物馆，系世界文化遗产、国家AAAA级景区、全国重点文物保护单位、全国百家爱国主义教育示范基地。

河姆渡遗址，位于宁波余姚市河姆渡镇，面积4万平方米，系中国晚期新石器时代遗址，是全国重点文物保护单位。在那里，发现20～50厘米厚的稻谷、谷壳、稻叶、茎秆和木屑、苇编交互混杂的堆积层，最厚处达80厘米。伴随稻谷一起出土的还有骨耜等农具，共170件。这标志着稻作农业已进入“耜耕阶段”。

大包干纪念馆，位于安徽省凤阳县小溪河镇小岗村，建筑面积2 600平方米，包括展览室、报告厅、门厅、餐厅和相关辅助设施，共分溯源、抉择、巨变、崛起、关爱等五大部分，全面介绍了大包干发生、发展的历程。1978年，小岗村18位农民以“托孤”的方式，冒险在土地承包责任书上按下了红手印，实施了“大包干”，创造了“小岗精神”，拉开了中国改革开放的序幕，被誉为“中国农村改革第一村”。

六、现代建筑

在村庄，有古代建筑，更有现代建筑，绝大多数都是现代建筑。现代建筑既指存在和表现着现代文化的建筑，也包括现代兴建的存在和表现着传统文化的建筑。

永联村隶属江苏省苏州市张家港市南丰镇，面积10.5平方千米，拥有77个村民小组，村民10 400人。先后获得“全国文明村”等30多项省级和国家级荣誉称号。2014年，入选中国9大土豪村。该村最初于1970年由长江边近700亩芦苇滩围垦而成，因此，其建筑都属现代建筑。在这些建筑中，最著名的要算钢村嘉园，占地800多亩，建筑面积56万平方米，由高层、小高层多层公寓组成，配套建有商业休闲街、居民生活街、农贸市场、医院、污水处理厂、喜事厅、敬孝堂等设施，集居住饮食、娱乐休闲、文教卫生等功能于一体，是一个综合性、现代性、人文性、高标准的现代化农民集中居住区。整个园区的设计和建设传承了“小桥、流水、人家”的江南水乡文化，继承和创新了“粉墙黛瓦、依水而居”的江南民居传统，既保留了江南水乡风格，又体现了现代城市节能、生态、环保理念。

七、现代文化设施

所有村庄都有现代建筑，但是，只有那些经济较发达、文明程度较高的村庄才有现代文化设施。现代文化设施，指的是农家书屋、宣传栏、篮球场、乒乓球场和休闲广场等。

如苏州江南农耕文化园，位于江苏省苏州市张家港市南丰镇永联村，按照“缩小比例的江南水乡、功能丰富的休闲农庄、农耕主题的文化走廊”的定位，建有农耕历史体验区、土地利用区、动物养殖区、农家休闲区、乡村能源区、江南作坊区、农家谚语区、果树采摘区、生肖区九大功能区。

八、现代文化

随着社会的发展，物质生活的丰富，精神文明的提高，现代文化日益渗透到村庄中，结婚披婚纱和脱鞋入屋等行为无不是现代文化熏陶的结果，而那些文学爱好者对“作家梦”的追求则使现代文化更加凸显。下面仅选“中国小说之乡”来表述。

被誉为“中国小说之乡”的是江苏省兴化市。该市自元至清，县志收录的兴化人学术著作有320多部，其中14部被收入《明史·艺文志》，3部被收入《四库全书》。在这一文化传统的影响下，20世纪80年代以来，“兴化文学现象”逐渐凸显。全市经过注册登记的文学团体有8个，乡镇、校园自办文学社30多个，涌现了毕飞宇、费振钟和王干等一大批颇有成就的兴化籍作家，中国作协会员11名、省作协会员26名、泰州市和兴化市作协会员300名，文学创作爱好者数以千计，每年开展重大文学活动6次以上、中小型文学活动50次以上，吸收、培养未成年人3万人次，累计出版现当代小说及文学评论集130多部，更有毕飞宇的《推拿》获得第八届茅盾文学奖。

第三节　村庄文化的设计

一、内容与形式的统一

这里的内容，指的是村庄文化的内涵。如是传统文化，还是现代文化；是苗族文化，还是蒙古文化；是饮食文化，还是建筑文化；等等。

这里的形式，指的是村庄文化的表现方式。如民间歌舞是表现传统文化的形式，现代歌舞是表现现代文化的形式；苗族服饰是表现苗族文化的形式，蒙古族服饰是表现蒙古文化的形式；竹筒饭是表现饮食文化的形式，吊脚楼是表现建筑文化的形式；等等。

内容与形式的统一，就是村庄文化的内容必须以相应的形式来表现，或村庄文化的形式必须能表现相应的内容。当要表现传统文化的时候，就应该用民间歌舞这一形式，而不是现代歌舞这一形式；当要表现现代文化的时候，就应该用现代歌舞这一形式，而不是民间歌舞这一形式。当要表现苗族文化的时候，就应该用苗族服饰这一形式，而不是蒙古族服饰这一形式；当要表现饮食文化的时候，就应该用竹筒饭这一形式，而不是吊脚楼这一形式；当要表现建筑文化的时候，就应该用吊脚楼这一形式，而不是竹筒饭这一形式。

二、实物与符号的统一

文化是无形的，但却能以实物或符号为载体，从而变成有形。

实物，就是客观存在的实在之物。苗族服饰是实物，竹筒饭也是实物，吊脚楼同样是实物，它们都存在和表现着苗族文化，它们分别从服饰方面、饮食方面和建筑方面存在和表现着苗族文化。

符号，则是客观事物的抽象化、概括化、图像化、艺术化的物体。最常见、最为大家所熟知的则莫过于“中国结”，红红的，形象就像一个“中”字。有的灯饰厂家，更是将“中国结”设计、制作成灯饰，而路灯部门则将其挂到街道上，形成一条条“中国结”路灯景观。

实物与符号的统一，首先在于充分利用实物来表现村庄文化。在苗族地区的村庄，能够表现苗族文化的实物有许多，吊脚楼这一建筑就是其中的一种。这样，在村庄设计、建设中，住宅若采用吊脚楼这一建筑风格，那么，随着一幢幢吊脚楼的拔地而起，随着村庄成为吊脚楼建筑群，吊脚楼建筑文化或苗族文化就自然而然地在村庄凸显出来。

实物与符号的统一，其次则在于合理利用符号来表现村庄文化。在苗族地区的村庄，在设计、建设吊脚楼的同时，若又将吊脚楼这一富有特色的建筑文化的元素提取出来，加以抽象化、概括化，制成图形化、艺术化的文化符号，并将这一文化符号有机地融入村庄的建筑、道路、灯饰和公共活动场所等设施之中，那么，这一文化就会得以充分、全面的展现，从而使村庄的吊脚楼建筑文化浓郁，使村庄文化更显特色。

三、传承与弘扬的统一

村庄文化是村民生活、活动的淀积，具有先进性，因此，在设计、建设中，就有必要传承。但是，社会是发展的，村民的生活、活动需求是不断提高的，内容愈来愈多、质量愈来愈高、情趣愈来愈浓，因此，在设计、建设中，就不能原封不动地照搬，而应结合实际，在传承中弘扬。这就是传承与弘扬的统一问题。

传承与弘扬的统一，首先就是传承村庄文化的先进性和特色性。如果说先进性存在和表现着村庄文化的共性价值的话，那么，特色性则存在和表现着村庄文化的个性价值。

传承与弘扬的统一，其次则是改造传统的村庄文化，使其符合现代人的生活和活动需求。传统的村庄文化都是当时当地产生、形成的，虽具有先进性，但往往是对当时当地来说的，随着社会的发展，往往表现出对现代人生活和活动需求的不适应，因此，就必须根据现代人的生活和活动需求，对其进行相应的改造。

传承与弘扬的统一，最后却是不断融入新的、先进的现代文化。村庄只是人类大家庭的一个存在空间，虽具有独立性，但并不是独立的，总是与外界存在这样那样的关系，要求得生存和发展，必须主动地、积极地与外界建立这样那样的关系，特别是必须主动地、积极地融入新的、先进的现代文化。事实上，许多村庄都在这样做。农家书屋、文化馆、篮球场和休闲广场等现代文化设施逐一设置，其所承载的现代文化更是不断融入。在融入现代文化的过程中，应善于与传统文化相结合，将传统文化中先进、科学、合理的文化元素有机地融入现代文化之中，使现代文化富有地方特色，更具文化魅力。

附录：全国乡村旅游重点村名单

第一批

北京市

怀柔区渤海镇北沟村
延庆区井庄镇柳沟村
密云区古北口镇古北口村
房山区周口店镇黄山店村
怀柔区喇叭沟门满族乡中榆树店村
门头沟区斋堂镇灵水村
顺义区龙湾屯镇柳庄户村
延庆区刘斌堡乡姚官岭村
门头沟区斋堂镇马栏村

天津市

蓟州区下营镇常州村
蓟州区渔阳镇西井峪村
蓟州区下营镇郭家沟村
蓟州区穿芳峪镇小穿芳峪村
蓟州区穿芳峪镇毛家峪村
蓟州区穿芳峪镇大巨各庄村
蓟州区上仓镇程家庄村

河北省

石家庄市平山县岗南镇李家庄村
邯郸市馆陶县寿山寺乡寿山寺东村

衡水市武强县周窝镇周窝村
保定市涞水县三坡镇百里峡村
张家口市蔚县暖泉镇西古堡村
雄安新区雄县张岗乡王村
唐山市曹妃甸区十里海养殖场
邢台市沙河市柴关乡王硇村
保定市竞秀区江城乡大激店村
石家庄市正定县正定镇塔元庄村
秦皇岛市北戴河区北戴河村

山西省

晋中市昔阳县大寨镇大寨村
吕梁市汾阳市贾家庄镇贾家庄村
阳泉市平定县娘子关镇娘子关村
长治市上党区振兴新区振兴村
忻州市岢岚县宋家沟乡宋家沟村
晋城市城区北石店镇司徒村
晋中市平遥县段村镇横坡村
临汾市乡宁县关王庙乡坂儿上村

内蒙古自治区

巴彦淖尔市临河区狼山镇富强村
呼伦贝尔市额尔古纳市蒙兀室韦苏木室韦村
鄂尔多斯市乌审旗无定河镇巴图湾村
赤峰市喀喇沁旗西桥镇雷家营子村
呼和浩特市新城区保合少镇恼包村
兴安盟乌兰浩特市义勒力特镇义勒力特嘎查
包头市土默特右旗沟门镇西湾村
呼伦贝尔市鄂伦春自治旗大杨树镇多布库尔猎民村
通辽市科左后旗散都苏木车家窝堡村

辽宁省

丹东市凤城市凤山区大梨树村
沈阳市沈北新区石佛寺街道石佛一村
大连市旅顺口区水师营街道小南村
本溪市本溪满族自治县小市镇同江峪村
锦州市凌海市翠岩镇牤牛屯村
阜新市细河区四合镇黄家沟村
鞍山市千山风景名胜区温泉街道上石桥村
丹东市东港市北井子镇獐岛村
抚顺市新宾满族自治县永陵镇赫图阿拉村

吉林省

松原市前郭尔罗斯蒙古族自治县查干湖渔场查干湖屯
延边朝鲜族自治州和龙市东城镇光东村
延边朝鲜族自治州和龙市西城镇金达莱村
吉林市龙潭区乌拉街满族镇韩屯村
长白山保护开发区管理委员会池南区漫江村
长春市净月高新技术产业开发区玉潭镇友好村
辽源市东辽县安石镇朝阳村

黑龙江省

双鸭山市饶河县西林子乡小南河村
大兴安岭地区漠河市北极镇北红村
哈尔滨市宾县宾州镇友联村
牡丹江市宁安市渤海镇小朱家村
大庆市杜尔伯特蒙古族自治县连环湖镇南岗村
七台河市勃利县青山乡奋斗村
伊春市新青区松林林场
双鸭山市饶河县四排乡四排赫哲族村

牡丹江市西安区海南乡中兴村
齐齐哈尔市铁锋区扎龙镇查罕诺村

上海市

金山区山阳镇渔业村
奉贤区青村镇吴房村
崇明区竖新镇仙桥村
闵行区浦江镇革新村
崇明区竖新镇前卫村
嘉定区马陆镇大裕村

江苏省

徐州市贾汪区潘安湖街道马庄村
无锡市宜兴市湖汊镇洑西村
南京市江宁区江宁街道黄龙岘茶文化村
常州市溧阳市戴埠镇李家园村
苏州市张家港市南丰镇永联村
淮安市洪泽区老子山镇龟山村
常州市金坛区薛埠镇仙姑村
无锡市锡山区东港镇山联村
南京市浦口区江浦街道不老村
苏州市常熟市支塘镇蒋巷村
盐城市大丰区大中街道恒北村
南通市海门市常乐镇颐生村
泰州市泰兴市黄桥镇祁巷村

浙江省

湖州市长兴县水口乡顾渚村
湖州市安吉县天荒坪镇余村村
杭州市淳安县枫树岭镇下姜村

舟山市嵊泗县花鸟乡花鸟村
金华市兰溪市诸葛镇诸葛八卦村
衢州市开化县华埠镇金星村
丽水市龙泉市宝溪乡溪头村
宁波市宁海县前童镇鹿山村
嘉兴市秀洲区新塍镇潘家浜村
衢州市江山市大陈乡大陈村
台州市仙居县淡竹乡下叶村
宁波市奉化区萧王庙街道滕头村
丽水市遂昌县湖山乡红星坪村
温州市泰顺县竹里畲族乡竹里村

安徽省

黄山市黟县宏村镇宏村
滁州市凤阳县小溪河镇小岗村
宣城市泾县桃花潭镇查济村
宿州市砀山县良梨镇良梨村
黄山市徽州区西溪南镇西溪南村
合肥市巢湖市半汤街道汤山村
安庆市太湖县晋熙镇梅河村
滁州市天长市铜城镇龙岗村
安庆市岳西县黄尾镇黄尾村
安庆市潜山市天柱山镇茶庄村
宣城市宁国市云梯畲族乡千秋村
宣城市广德县太极洞风景区桃园村

福建省

三明市泰宁县杉城镇际溪村
龙岩市连城县宣和乡培田村
漳州市南靖县梅林镇官洋村

宁德市寿宁县下党乡下党村
平潭综合实验区流水镇北港村
三明市尤溪县洋中镇桂峰村
宁德市寿宁县犀溪镇西浦村
漳州市长泰县马洋溪生态旅游区山重村
泉州市惠安县崇武镇大岞村
宁德市福安市溪潭镇廉村村
南平市政和县石屯镇石圳村

江西省

上饶市婺源县江湾镇栗木坑村
赣州市大余县黄龙镇大龙村
上饶市婺源县赋春镇源头村
吉安市井冈山市大陇镇大陇村
新余市仙女湖风景名胜区仰天岗办事处孝头村
宜春市靖安县中源乡三坪村
抚州市资溪县乌石镇新月村
赣州市龙南县临塘乡东坑村
鹰潭市余江区杨溪乡琯溪村
九江市永修县柘林镇易家河村
吉安市井冈山市厦坪镇菖蒲村
南昌市南昌县黄马乡凤凰村

山东省

淄博市博山区池上镇中郝峪村
威海市荣成市宁津街道东楮岛村
临沂市沂南县铜井镇竹泉村
潍坊市青州市王府街道井塘村
临沂市沂水县院东头镇桃棵子村
泰安市岱岳区道朗镇里峪村

济宁市邹城市石墙镇上九山村
济宁市梁山县大路口乡贾堌堆村
临沂市兰陵县苍山街道压油沟村
日照市莒县东莞镇赵家石河村

河南省

洛阳市栾川县潭头镇重渡村
南阳市西峡县太平镇东坪村
焦作市温县赵堡镇陈家沟村
三门峡市卢氏县官道口镇新坪村
开封市兰考县东坝头乡张庄村
信阳市新县八里畈镇丁李湾村
郑州市新郑市龙湖镇泰山村
驻马店市平舆县东皇街道大王寨村
周口市淮阳县城关回族镇从庄村
鹤壁市淇县灵山街道赵庄村

湖北省

荆州市石首市桃花山镇李花山村
黄冈市蕲春县檀林镇雾云山村
襄阳市保康县马桥镇尧治河村
十堰市竹山县文峰乡太和村
咸宁市通山县南林桥镇石门村
孝感市大悟县新城镇金岭村
荆门市钟祥市客店镇南庄村
恩施土家族苗族自治州利川市南坪乡营上村
恩施土家族苗族自治州恩施市白杨坪乡洞下槽村
宜昌市五峰县采花乡栗子坪村
神农架林区宋洛乡盘龙村

湖南省

湘西土家族苗族自治州花垣县双龙镇十八洞村
郴州市汝城县文明瑶族乡沙洲瑶族村
湘潭市韶山市银田镇银田村
益阳市南县乌嘴乡罗文村
张家界市慈利县三官寺土家族乡罗潭村
长沙市长沙县果园镇浔龙河村
娄底市双峰县杏子铺镇双源村
常德市安乡县安康乡仙桃村
永州市江永县兰溪瑶族乡勾蓝瑶村
衡阳市衡阳县西渡镇新桥村
岳阳市汨罗市白水镇西长村

广东省

梅州市大埔县西河镇北塘村
湛江市霞山区特呈岛村
茂名市信宜市镇隆镇八坊村
河源市源城区埔前镇陂角村
惠州市龙门县南昆山生态旅游区中坪尾村
东莞市茶山镇南社村
佛山市顺德区杏坛镇逢简村
韶关市仁化县丹霞街道瑶塘新村
江门市台山市斗山镇浮石村
汕尾市陆河县水唇镇罗洞村

广西壮族自治区

贺州市富川瑶族自治县朝东镇岔山村
崇左市大新县堪圩乡明仕村
桂林市龙胜各族自治县龙脊镇大寨村

柳州市三江侗族自治县八江镇布央村
河池市巴马瑶族自治县那桃乡平林村
贵港市覃塘区覃塘街道龙凤村
南宁市马山县古零镇小都百屯
来宾市金秀瑶族自治县六巷乡大岭村
桂林市灵川县大圩镇袁家村
柳州市融水苗族自治县四荣乡荣地村
百色市田阳县五村镇巴某村

海南省

琼中黎族苗族自治县红毛镇什寒村
三亚市吉阳区中廖村
澄迈县老城镇罗驿村
白沙黎族自治县元门乡罗帅村
儋州市木棠镇铁匠村
海口市美兰区演丰镇山尾头村
定安县龙湖镇高林村
海口市秀英区永兴镇冯塘村

重庆市

永川区南大街街道黄瓜山村
武隆区仙女山镇荆竹村
合川区涞滩镇二佛村
万盛经济技术开发区关坝镇凉风村
大足区宝顶镇慈航社区
垫江县新民镇明月村
沙坪坝区曾家镇虎峰山村
荣昌区万灵镇大荣寨社区
巫溪县古路镇观峰村

四川省

成都市蒲江县甘溪镇明月村
德阳市绵竹市孝德镇年画村
成都市郫都区唐昌街道战旗村
凉山彝族自治州昭觉县支尔莫乡阿土列尔村
眉山市丹棱县顺龙乡幸福村
甘孜藏族自治州丹巴县聂呷乡甲居二村
成都市彭州市龙门山镇宝山村
乐山市峨边县黑竹沟镇底底古村
南充市阆中市天林乡五龙村
成都市都江堰市柳街镇七里社区
泸州市纳溪区大渡口镇民强村
达州市宣汉县三墩土家族乡大窝村

贵州省

遵义市播州区枫香镇花茂村
铜仁市江口县太平镇云舍村
黔东南苗族侗族自治州台江县老屯乡长滩村
六盘水市盘州市淤泥乡岩博村
安顺市平坝区乐平镇塘约村
黔南布依族苗族自治州惠水县好花红镇好花红村
遵义市播州区平正仡佬族乡团结村
遵义市新蒲新区新舟镇槐安村
贵阳市开阳县南江布依族苗族乡龙广村
黔西南布依族苗族自治州兴义市万峰林街道上纳灰村
六盘水市水城县蟠龙镇百车河村
毕节市大方县核桃乡木寨村

云南省

大理白族自治州大理市双廊镇双廊村
大理白族自治州大理市双廊镇大建旁村
文山壮族苗族自治州丘北县双龙营镇仙人洞村
普洱市宁洱哈尼族彝族自治县同心镇那柯里村
昆明市安宁市温泉街道温泉小村
红河哈尼族彝族自治州建水县西庄镇团山村
昆明市宜良县耿家营乡河湾村
西双版纳傣族自治州勐海县打洛镇勐景来村
玉溪市红塔区大营街道大营街社区
丽江市古城区大研街道义尚社区文林村民小组
西双版纳傣族自治州勐腊县勐腊镇曼龙勒村民小组
曲靖市罗平县鲁布革乡腊者村
普洱市思茅区南屏镇曼连社区高家寨村民小组

西藏自治区

拉萨市尼木县卡如乡卡如村
林芝市波密县古乡巴卡村
林芝市巴宜区林芝镇真巴村
昌都市江达县岗托镇岗托村
那曲市尼玛县文部乡南村
拉萨市当雄县羊八井镇巴嘎村
拉萨市达孜区德庆镇白纳村
山南市隆子县玉麦乡玉麦村
山南市错那县麻麻门巴民族乡麻麻村

陕西省

咸阳市礼泉县烟霞镇袁家村
商洛市商南县金丝峡镇太子坪村

商洛市柞水县营盘镇朱家湾村
榆林市佳县坑镇赤牛坬村
铜川市耀州区石柱镇马咀村
渭南市白水县杜康镇和家卓村
汉中市留坝县火烧店镇堰坎村
安康市石泉县饶峰镇胜利村
宝鸡市太白县黄柏塬镇黄柏塬村
韩城市西庄镇党家村
安康市岚皋县四季镇天坪村

甘肃省

酒泉市敦煌市月牙泉镇月牙泉村
庆阳市华池县南梁镇荔园堡村
甘南藏族自治州卓尼县木耳镇博峪村
武威市天祝藏族自治县天堂镇天堂村
临夏回族自治州临夏市折桥镇折桥村
甘南藏族自治州碌曲县尕海乡尕秀村
酒泉市敦煌市阳关镇龙勒村
陇南市康县长坝镇花桥村
张掖市民乐县民联镇东寨村
甘南藏族自治州夏河县曲奥乡香告村
庆阳市西峰区显胜乡毛寺村
张掖市临泽县板桥镇红沟村

青海省

西宁市湟中县拦隆口镇拦一村
海东市互助土族自治县东和乡麻吉村
西宁市湟中县土门关乡上山庄村
西宁市大通回族土族自治县朔北藏族乡边麻沟村
西宁市湟中县田家寨镇田家寨村

海西蒙古族藏族自治州乌兰县茶卡镇莫河骆驼场
海东市互助土族自治县威远镇卓扎滩村
西宁市湟源县日月藏族乡兔儿干村

宁夏回族自治区

中卫市沙坡头区迎水桥镇沙坡头村
固原市西吉县吉强镇龙王坝村
固原市隆德县陈靳乡新和村
银川市永宁县闽宁镇原隆村
固原市隆德县城关镇红崖村
石嘴山市大武口区长胜街道龙泉村
吴忠市利通区上桥镇牛家坊村
银川市西夏区镇北堡镇镇北堡村
吴忠市盐池县高沙窝镇兴武营村

新疆维吾尔自治区

乌鲁木齐市乌鲁木齐县水西沟镇平西梁村
阿勒泰地区布尔津县禾木喀纳斯蒙古族乡禾木村
伊犁哈萨克自治州特克斯县喀拉达拉镇琼库什台村
吐鲁番市高昌区亚尔镇上湖村
塔城地区额敏县加尔布拉克农场酒花村
巴音郭楞蒙古自治州库尔勒市巴州阿瓦提农场
克拉玛依市乌尔禾区乌尔禾镇哈克村
哈密市巴里坤哈萨克自治县石人子乡石人子村
阿克苏地区阿瓦提县英艾日克镇恰其村

新疆生产建设兵团

第四师可克达拉市 62 团金边镇
第十师北屯市 185 团 3 连
第二师铁门关市 31 团 2 连

第一师阿拉尔市 11 团 13 连
第八师石河子市 152 团 10 连
第四师可克达拉市 78 团 5 连

第二批

北京市

门头沟区斋堂镇爨底下村
延庆区刘斌堡乡小观头村
延庆区八达岭镇石峡村
怀柔区渤海镇六渡河村
密云区溪翁庄镇金叵罗村
顺义区龙湾屯镇焦庄户村
延庆区旧县镇东龙湾村
怀柔区琉璃庙镇双文铺村
怀柔区九渡河镇西水峪村
怀柔区怀柔镇芦庄村
房山区十渡镇平峪村
顺义区马坡镇石家营村
平谷区镇罗营镇玻璃台村
延庆区张山营镇后黑龙庙村
房山区张坊镇穆家口村
怀柔区琉璃庙镇白河北村
平谷区山东庄镇鱼子山村
昌平区十三陵镇仙人洞村
怀柔区雁栖镇官地村
平谷区镇罗营镇张家台村
密云区巨各庄镇蔡家洼村
平谷区金海湖镇黄草洼村

延庆区井庄镇三司村

天津市

西青区辛口镇水高庄村
北辰区西堤头镇赵庄子村
宝坻区黄庄镇小辛码头村
蓟州区下营镇东山村
蓟州区官庄镇砖瓦窑村
西青区辛口镇大杜庄村
蓟州区穿芳峪镇英歌寨村
蓟州区官庄镇联合村
宝坻区牛家牌镇赵家湾村
蓟州区下营镇青山岭村
西青区辛口镇第六埠村

河北省

承德市滦平县巴克什营镇花楼沟村
保定市阜平县龙泉关镇骆驼湾村
承德市围场县御道口乡御道口村
唐山市迁安市大五里乡山叶口村
保定市易县安格庄乡安格庄村
邢台市内丘县南赛乡神头村
邯郸市涉县井店镇刘家村
廊坊市香河县蒋辛屯镇北李庄村
石家庄市灵寿县南营乡车谷砣村
秦皇岛市北戴河区戴河镇西古城村
唐山市迁安市大崔庄镇白羊峪村
邢台市信都区浆水镇前南峪村
石家庄市井陉县南障城镇吕家村
石家庄市晋州市周家庄乡第九生产队

承德市丰宁县大滩镇小北沟村
沧州市青县曹寺乡张广王村
邯郸市邯山区河沙镇镇小堤村
秦皇岛市北戴河区海滨镇陆庄村
保定市阜平县龙泉关镇顾家台村
邢台市信都区路罗镇英谈村
邯郸市峰峰矿区和村镇东和村
秦皇岛市青龙满族自治县隔河头乡花果山村
保定市易县西陵镇凤凰台村
邯郸市涉县关防乡后池村

山西省

朔州市怀仁市马辛庄乡鲁沟村
太原市阳曲县黄寨镇上安村
长治市武乡县蟠龙镇砖壁村
长治市壶关县桥上乡大河村
临汾市安泽县府城镇飞岭村
晋城市陵川县附城镇丈河村
忻州市忻府区合索乡北合索村
阳泉市城区义井镇小河村
晋中市介休市龙凤镇南庄村
晋城市城区钟家庄街道洞头村
晋中市榆次区乌金山镇后沟村
阳泉市郊区平坦镇桃林沟村
晋城市泽州县金村镇东六庄村
大同市灵丘县红石塄乡下车河村
运城市永济市开张镇东开张村
临汾市曲沃县里村镇朝阳村
太原市娄烦县天池店乡河北村
晋城市阳城县润城镇中庄村

内蒙古自治区

呼伦贝尔市额尔古纳市恩和俄罗斯族民族乡恩和村
锡林郭勒盟太仆寺旗宝昌镇边墙村
乌海市海南区西卓子山街道赛汗乌素村
通辽市经济技术开发区河西街道湛路村
呼和浩特市回民区攸攸板镇东乌素图村
锡林郭勒盟多伦县滦源镇大孤山村
乌兰察布市凉城县岱海镇三苏木村
鄂尔多斯市伊金霍洛旗伊金霍洛镇布拉格嘎查
呼和浩特市赛罕区黄河少镇石人湾村
兴安盟阿尔山白狼镇林俗村
巴彦淖尔市五原县塔尔湖镇联丰村
赤峰市喀喇沁旗十家乡林营子村
通辽市奈曼旗白音他拉苏木庙屯村
呼和浩特市托克托县河口管理委员会郝家窑村
阿拉善盟阿右旗巴丹吉林镇额肯呼都格嘎查

辽宁省

辽阳市弓长岭区汤河镇柳河汤村
本溪市桓仁满族自治县向阳乡和平村
丹东市东港市孤山镇大鹿岛村
本溪市桓仁满族自治县雅河朝鲜族乡湾湾川村
本溪市南芬区思山岭街道解放村
鞍山市千山风景名胜区韩家峪村
营口市盖州市双台镇思拉堡村
大连市庄河市步云山乡步云山村
大连市金普新区石河街道石河村
阜新市阜新蒙古族自治县佛寺镇佛寺村
沈阳市法库县大孤家子镇半拉山子村

盘锦市大洼区荣兴街道荣兴村
锦州市义县瓦子峪镇大铁厂村
本溪市本溪满族自治县草河掌镇胡堡村
鞍山市千山区东鞍山街道对桩石村
本溪市明山区卧龙街道韩家村
朝阳市北票市大黑山特别管理区西苍村
大连市庄河市仙人洞镇马道口村
朝阳市喀喇沁左翼蒙古族自治县平房子镇小营村
本溪市桓仁满族自治县普乐堡镇老漫子村
铁岭市银州区龙山乡七里屯村

吉林省

延边朝鲜族自治州珲春市敬信镇防川村
长春市莲花山生态旅游度假区泉眼镇泉眼村
吉林市丰满区江南乡孟家村
长春市九台区土门岭街道马鞍山村
通化市柳河县安口镇青沟子村
通化市集安市太王镇钱湾村
延边朝鲜族自治州安图县万宝镇红旗村
延边朝鲜族自治州汪清县大兴沟镇红日村
长春市农安县华家镇战家村
四平市伊通满族自治县河源镇保南村
延边朝鲜族自治州敦化市雁鸣湖镇大山村
延边朝鲜族自治州敦化市雁鸣湖镇小山村
通化市辉南县金川镇金川村
延边朝鲜族自治州图们市石岘镇水南村
吉林市蛟河市漂河镇富江村
通化市通化县西江镇岔信村
白山市临江市四道沟镇坡口村
吉林市永吉县北大湖镇草庙子村

通化市东昌区金厂镇上龙头村

黑龙江省

黑河市爱辉区瑷珲镇外四道沟村
伊春市上甘岭林业局溪水林场
哈尔滨市尚志市鱼池乡新兴村
鸡西市虎林市虎头镇虎头村
大兴安岭地区漠河县北极镇洛古河村
佳木斯市桦川县星火朝鲜族乡星火村
七台河市勃利县勃利镇元明村
牡丹江市海林市横道河子镇七里地村
齐齐哈尔市讷河市兴旺鄂温克族乡索伦村
伊春市铁力市年丰朝鲜族乡长山村
黑河市五大连池市朝阳乡边河村
鸡西市密山市白鱼湾镇湖沿村
黑河市爱辉区新生乡新生村
鹤岗市萝北县东明乡红光村
齐齐哈尔市甘南县兴十四镇兴十四村
大庆市杜蒙县胡吉吐莫镇东吐莫村
绥化市兰西县兰西镇永久村
佳木斯市抚远市乌苏镇抓吉赫哲族村
伊春市大箐山县朗乡镇达里村
佳木斯市汤原县汤旺朝鲜族乡金星村
大兴安岭地区呼玛县白银纳鄂伦春族乡白银纳村

上海市

金山区廊下镇山塘村
崇明区绿华镇绿港村
浦东新区大团镇赵桥村
青浦区朱家角镇张马村

宝山区罗泾镇塘湾村
崇明区横沙乡丰乐村
崇明区陈家镇瀛东村
金山区朱泾镇待泾村
宝山区罗泾镇海星村
金山区枫泾镇中洪村
浦东新区祝桥镇邓三村

江苏省

南京市江宁区横溪街道石塘村
常州市溧阳市溧城镇礼诗圩村
泰州市姜堰区三水街道小杨村
镇江市句容市茅山镇丁庄村
苏州市高新区通安镇树山村
南通市如东县栟茶镇三园村
盐城市东台市五烈镇甘港村
徐州市铜山区汉王镇汉王村
泰州市兴化市千垛镇东罗村
常州市武进区雪堰镇城西回民村
连云港市连云区西连岛村
南京市溧水区白马镇李巷村
镇江市丹徒区江心洲生态农业园区五套村
徐州市铜山区柳泉镇北村
南京市高淳区东坝街道三条垄田园慢村
无锡市滨湖区马山街道群丰社区
无锡市江阴市华士镇华西新市村
常州市溧阳市南渡镇庆丰村
南通市如皋市城北街道平园池村
连云港市灌云县伊山镇川星村
徐州市睢宁县姚集镇高党村

无锡市宜兴市西渚镇白塔村
盐城市盐都区郭猛镇杨侍村
淮安市金湖县前锋镇白马湖村
南京市江宁区谷里街道双塘社区大塘金村
徐州市贾汪区茱萸山街道磨石塘村

浙江省

湖州市德清县莫干山镇劳岭村
湖州市安吉县递铺街道鲁家村
金华市磐安县尖山镇乌石村
衢州市江山市石门镇清漾村
衢州市江山市廿八都镇浔里村
丽水市缙云县新建镇河阳村
杭州市西湖区转塘街道上城埭村
宁波市象山县墙头镇方家岙村
湖州市安吉县灵峰街道横山坞村
杭州市建德市大慈岩镇新叶村
温州市文成县南田镇武阳村
湖州市南浔区和孚镇荻港村
台州市天台县赤城街道塔后村
舟山市定海区干览镇新建村
台州市三门县横渡镇岩下潘村
绍兴市新昌县镜岭镇外婆坑村
金华市浦江县虞宅乡新光村
宁波市宁海县桥头胡街道双林村
丽水市松阳县大东坝镇茶排村
杭州市临安区高虹镇石门村
金华市东阳市南马镇花园村
绍兴市上虞区岭南乡东澄村
绍兴市柯桥区漓渚镇棠棣村

温州市永嘉县岩头镇苍坡村
宁波市宁海县大佳何镇葛家村
嘉兴市海宁市丁桥镇新仓村

安徽省

黄山市徽州区呈坎镇呈坎村
六安市金寨县花石乡大湾村
黄山市黟县西递镇西递村
合肥市长丰县杨庙镇马郢社区
芜湖市南陵县烟墩镇霭里村
六安市霍山县磨子潭镇堆谷山村
铜陵市义安区西联镇犁桥村
亳州市谯城区古井镇药王村
安庆市潜山市官庄镇官庄村
黄山市休宁县溪口镇祖源村
马鞍山市当涂县护河镇桃花村
六安市霍山县太阳乡金竹坪村
滁州市明光市张八岭镇柴郢村
黄山市黄山区汤口镇山岔村
黄山市黟县宏村镇塔川村
宣城市绩溪县家朋乡尚村
六安市金安区张店镇洪山村
宣城市旌德县白地镇江村
合肥市庐江县万山镇长冲村
芜湖市芜湖县红杨镇珩琅山村
淮北市烈山区烈山镇榴园村
亳州市涡阳县曹市镇辉山村

福建省

泉州市晋江市金井镇围头村

漳州市华安县新圩镇官畲村
厦门市海沧区海沧街道青礁村
莆田市涵江区白沙镇坪盘村
平潭综合实验区苏平片区上攀村
莆田市湄洲岛湄洲镇下山村
宁德市古田县城东街道桃溪村
漳州市平和县芦溪镇蕉路村
南平市邵武市和平镇和平村
龙岩市武平县城厢镇云寨村
福州市罗源县霍口畲族乡福湖村
龙岩市新罗区小池镇培斜村
漳州市南靖县书洋镇塔下村
泉州市德化县国宝乡佛岭村
三明市清流县林畲镇林畲村
三明市大田县济阳乡济中村
宁德市屏南县熙岭乡龙潭村
三明市泰宁县上青乡崇际村
南平市武夷山市五夫镇兴贤村
龙岩市永定区陈东乡岩太村
厦门市同安区莲花镇军营村
南平市建瓯市小松镇湖头村
福州市永泰县嵩口镇月洲村
福州市永泰县梧桐镇春光村
龙岩市武平县万安镇捷文村
南平市武夷山市兴田镇南源岭村

江西省

景德镇市浮梁县瑶里镇瑶里村
南昌市安义县石鼻镇罗田村
萍乡市芦溪县宣风镇竹垣村

萍乡市湘东区麻山镇幸福村
吉安市万安县高陂镇高陂村
抚州市南丰县市山镇包坊村
九江市武宁县罗坪镇长水村
宜春市明月山温泉风景名胜区（袁州区）温汤镇水口村
吉安市安福县章庄乡章庄村
吉安市永新县高市乡滨江村（洲塘书画村）
抚州市广昌县驿前镇姚西村
上饶市德兴市香屯街道杨家湾村楼上楼村
上饶市婺源县紫阳镇考水村
上饶市婺源县溪头乡西岸村江岭村
赣州市上犹县梅水乡园村村
宜春市明月山温泉风景名胜区（袁州区）洪江镇古庙村
赣州市大余县新城镇周屋村
抚州市资溪县乌石镇草坪村
抚州市资溪县马头山镇永胜村
鹰潭市贵溪市雷溪镇南山村
赣州市石城县琴江镇大畲村
上饶市婺源县蚺城街道上梅洲村塘村
九江市修水县杭口镇双井村
吉安市井冈山市茅坪镇神山村
吉安市井冈山市黄坳乡黄坳村

山东省

济南市长清区万德街道马套村
临沂市沂南县马牧池乡常山庄村
临沂市兰陵县卞庄街道代村
临沂市蒙阴县岱崮镇笊篱坪村
威海市荣成市俚岛镇烟墩角村
临沂市平邑县地方镇九间棚村

威海市环翠区张村镇王家疃村
潍坊市寒亭区杨家埠旅游开发区西杨家埠村
泰安市肥城市孙伯镇五埠村
日照市山海天旅游度假区卧龙山街道李家台村
临沂市沂水县院东头镇四门洞村
潍坊市临朐县五井镇隐士村
济宁市泗水县圣水峪镇东仲都村
滨州市滨城区里则街道西纸坊村
淄博市淄川区昆仑镇牛记庵村
潍坊市坊子区坊安街道洼里村
威海市文登区高村镇慈口观村
济南市南部山区西营街道黄鹿泉村
菏泽市巨野县核桃园镇前王庄村
泰安市岱岳区道朗镇东西门村
青岛市崂山区沙子口街道东麦窑社区
潍坊市青州市王坟镇胡林古村
枣庄市山亭区徐庄镇葫芦套村
济宁市曲阜市石门山镇石门山庄村

河南省

郑州市新密市米村镇朱家庵村
信阳市罗山县铁铺镇何家冲村
商丘市民权县北关镇王公庄村
信阳市新县田铺乡田铺大塆村
巩义市竹林镇石鼓村
驻马店市遂平县嵖岈山镇红石崖村
郑州市二七区侯寨乡樱桃沟社区
漯河市临颍县城关镇南街村
鹤壁市淇县灵山街道凉水泉村
安阳市林州市石板岩镇高家台村

许昌市襄城县紫云镇雷洞村
安阳市林州市黄华镇庙荒村
南阳市南召县云阳镇铁佛寺村
洛阳市栾川县庙子镇庄子村
焦作市孟州市西虢镇莫沟村
南阳市淅川县仓房镇磨沟村
焦作市修武县云台山镇岸上村
三门峡市渑池县段村乡赵沟村
洛阳市嵩县黄庄乡三合村
洛阳市栾川县陶湾镇协心村
信阳市新县周河乡西河村

湖北省

宜昌市夷陵区太平溪镇许家冲村
武汉市黄陂区姚家集街道杜堂村
鄂州市梁子湖区涂家垴镇万秀村
武汉市蔡甸区大集镇天星村
十堰市郧西县上津镇津城村
武汉市黄陂区木兰乡双泉村
襄阳市谷城县五山镇堰河村
宜昌市长阳县龙舟坪镇郑家榜村
宜昌市秭归县屈原镇西陵峡村
襄阳市老河口市仙人渡镇李家染坊村
宜昌市宜都市高坝洲镇青林寺村
武汉市江夏区五里界街道童周岭村
鄂州市华容区段店镇武圣村
宜昌市夷陵区龙泉镇青龙村
十堰市郧阳区柳陂镇龙韵村
荆门市钟祥市客店镇马湾村
十堰市郧阳区茶店镇樱桃沟村

荆州市洪湖市老湾回族乡珂里村
荆州市石首市团山寺镇过脉岭村
孝感市安陆市烟店镇碧山村
襄阳市保康县店垭镇格栏坪村
黄石市阳新县兴国镇南市村
宜昌市五峰县长乐坪镇白岩坪村
黄石市大冶市保安镇沼山村
十堰市郧西县涧池乡下营村
恩施土家族苗族自治州恩施市盛家坝镇二官寨村
宜昌市宜都市枝城镇全心畈村

湖南省

永州市宁远县湾井镇下灌村
怀化市通道侗族自治县坪坦乡皇都村
常德市桃源县枫树维回乡维回新村
株洲市攸县酒埠江镇酒仙湖村
永州市双牌县茶林镇桐子坳村
益阳市桃江县大栗港镇刘家村
衡阳市南岳区南岳镇红星村
株洲市炎陵县十都镇密花村
岳阳市屈原区河市镇三和村
常德市津市市毛里湖镇青苗社区
湘西土家族苗族自治州永顺县灵溪镇司城村
长沙市长沙县开慧镇锡福村
益阳市资阳区长春镇紫薇村
邵阳市新宁县崀山镇石田村
湘潭市韶山市韶山乡韶山村
岳阳市临湘市羊楼司镇龙窖山村
郴州市安仁县永乐江镇山塘村
永州市祁阳县茅竹镇三家村

长沙市浏阳市张坊镇田溪村
怀化市鹤城区黄岩区大坪村
张家界市永定区尹家溪镇马儿山村
张家界市武陵源区协合乡龙尾巴村
张家界市武陵源区天子山街道泗南峪社区

广东省

珠海市斗门区斗门镇南门村
梅州市梅县区雁洋镇长教村
梅州市平远县泗水镇梅畲村
东莞市寮步镇陈家埔村
清远市英德市九龙镇河头村
惠州市博罗县横河镇上良村
揭阳市揭西县金和镇山湖村
湛江市雷州市龙门镇足荣村
广州市从化区温泉镇南平村
肇庆市德庆县官圩镇金林村
江门市台山市海宴镇五丰村
广州市从化区吕田镇莲麻村
阳江市阳东区东平镇大澳渔村
汕头市澄海区隆都镇前美村
韶关市南雄市珠玑镇灵潭村
佛山市南海区西樵镇上金瓯村松塘村
肇庆市四会市江谷镇老泗塘村
广州市番禺区石楼镇大岭村
江门市开平市塘口镇强亚村
茂名市高州市根子镇柏桥村
河源市东源县康禾镇仙坑村
江门市台山市水步镇草坪村

广西壮族自治区

柳州市融水苗族自治县融水镇新国村
南宁市西乡塘区石埠街道忠良村
崇左市宁明县城中镇耀达村
百色市田东县祥周镇模范村
桂林市恭城瑶族自治县莲花镇红岩村
崇左市江州区新和镇卜花村
桂林市灌阳县新街镇江口村
柳州市三江侗族自治县丹洲镇丹洲村
南宁市马山县古零镇羊山村三甲屯
来宾市金秀瑶族自治县长垌乡平道村
梧州市藤县象棋镇道家村
桂林市阳朔县阳朔镇骥马村
柳州市鹿寨县中渡镇大兆村
梧州市蒙山县新圩镇古定村
桂林市阳朔县阳朔镇鸡窝渡村
来宾市金秀瑶族自治县长垌乡滴水村
百色市靖西市新靖镇旧州村
北海市海城区地角街道新营社区流下村
百色市德保县城关镇那温村
玉林市陆川县沙坡镇高庆村
防城港市东兴市江平镇交东村
贺州市平桂区沙田镇龙井村

海南省

三亚市吉阳区博后村
三亚市吉阳区大茅村
琼海市嘉积镇官塘村北仍村
三亚市海棠区湾坡村

琼海市博鳌镇沙美村
儋州市那大镇石屋村
琼海市博鳌镇朝烈村南强村
海口市秀英区石山镇施茶村
文昌市龙楼镇好圣村
儋州市那大镇屋基村
澄迈县大丰镇大丰村
陵水黎族自治县本号镇小妹村
文昌市东路镇葫芦村
三亚市天涯区文门村
海口市龙华区新坡镇仁里村
海口市琼山区红旗镇苏寻三村泮边村

重庆市

武隆区后坪苗族土家族乡文凤村
武隆区芙蓉街道堰塘村
石柱土家族自治县中益乡华溪村
铜梁区土桥镇六赢村
巴南区二圣镇集体村
巫溪县红池坝镇茶山村
梁平区竹山镇猎神村
丰都县双路镇莲花洞村
綦江区永城镇中华村
涪陵区大木乡迎新社区
酉阳土家族苗族自治县板溪镇扎营村
黔江区小南海镇新建村
南川区木凉镇汉场坝村
南岸区南山街道放牛村
荣昌区仁义镇瑶山社区
彭水苗族土家族自治县润溪乡樱桃井村

巫山县两坪乡朝元村
长寿区龙河镇保合村
北碚区东阳街道西山坪村
巫山县曲尺乡柑园村

四川省

成都市崇州市白头镇五星村
阿坝藏族羌族自治州黑水县沙石多乡羊茸村
泸州市纳溪区大渡口镇凤凰湖村
广元市利州区白朝乡月坝村
成都市龙泉驿区山泉镇桃源村
阿坝藏族羌族自治州理县桃坪镇桃坪村
成都市彭州市桂花镇蟠龙村
攀枝花市米易县新山傈僳族乡新山村
凉山彝族自治州德昌县德州镇角半村
甘孜藏族自治州丹巴县墨尔多山镇基卡依村
资阳市乐至县劳动镇旧居村
广安市武胜县飞龙镇高洞村
广元市青川县青溪镇阴平村
宜宾市筠连县腾达镇春风村
广安市广安区协兴镇牌坊社区
成都市都江堰市龙池镇飞虹社区
绵阳市涪城区杨家镇杨家社区
南充市蓬安县相如街道油房沟社区
遂宁市大英县卓筒井镇为干屏村
乐山市峨眉山市胜利街道月南村
德阳市绵竹市九龙镇新龙村
广元市青川县乔庄镇张家村
成都市都江堰市青城山镇泰安社区

贵州省

六盘水市盘州市普古彝族苗族乡舍烹村
黔东南苗族侗族自治州黎平县肇兴镇肇兴村
贵阳市乌当区偏坡布依族乡偏坡村
黔东南苗族侗族自治州榕江县平阳乡丹江村
铜仁市玉屏侗族自治县田坪镇田坪村
六盘水市水城县营盘苗族彝族白族乡高峰村
黔南布依族苗族自治州贵定县盘江镇音寨村
六盘水市六枝特区落别布依族彝族乡牛角村
遵义市赤水市复兴镇凯旋村
黔西南布依族苗族自治州贞丰县者相镇纳孔村
遵义市凤冈县永安镇田坝村
铜仁市石阡县坪山仡佬族侗族乡佛顶山村
六盘水市盘州市两河街道岩脚村
黔南布依族苗族自治州都匀市毛尖镇坪阳村
铜仁市松桃苗族自治县正大镇薅菜村
黔西南布依族苗族自治州兴仁市屯脚镇鲤鱼村
遵义市湄潭县兴隆镇龙凤村
毕节市织金县官寨苗族乡屯上村
贵阳市花溪区青岩镇龙井村
黔东南苗族侗族自治州从江县丙妹镇岜沙村
安顺市镇宁布依族苗族自治县宁西街道高荡村
毕节市金海湖新区响水白族彝族仡佬族乡青山村
黔西南布依族苗族自治州兴义市万峰林街道下纳灰村
贵阳市花溪区高坡苗族乡扰绕村
遵义市赤水市天台镇凤凰村
安顺市西秀区双堡镇大坝村

云南省

丽江市玉龙纳西族自治县拉市镇美泉村
红河哈尼族彝族自治州弥勒市西三镇可邑村
临沧市沧源佤族自治县勐角乡翁丁村
保山市腾冲市清水乡中寨司莫拉佤族村
昆明市石林彝族自治县圭山镇大糯黑村
丽江市玉龙纳西族自治县白沙镇玉湖村
保山市腾冲市固东镇江东社区
西双版纳傣族自治州景洪市基诺乡巴亚村巴坡村
昭通市彝良县小草坝镇小草坝村
玉溪市澄江市右所镇小湾村
曲靖市师宗县五龙乡狗街村
大理白族自治州洱源县凤羽镇江登村佛堂村
楚雄彝族自治州南华县龙川镇岔河村
曲靖市会泽县娜姑镇白雾村
临沧市凤庆县凤山镇安石村
德宏傣族景颇族自治州芒市芒市镇回贤村
红河哈尼族彝族自治州元阳县新街镇阿者科村
怒江傈僳族自治州贡山县丙中洛镇秋那桶村
昆明市宜良县九乡彝族回族乡麦地冲村
普洱市澜沧拉祜族自治县酒井哈尼族乡勐根村老达保村
普洱市西盟佤族自治县勐卡镇马散村永俄寨
迪庆藏族自治州香格里拉市尼西乡汤堆村
迪庆藏族自治州维西傈僳族自治县塔城镇启别村

西藏自治区

拉萨市达孜区邦堆乡叶巴村
拉萨市堆龙德庆区乃琼镇波玛村
林芝市巴宜区鲁朗镇东巴才村

拉萨市尼木县吞巴乡吞达村
林芝市工布江达县错高乡错高村
日喀则市亚东县康布乡上康布村
拉萨市城关区柳梧新区达东村
那曲市班戈县青龙乡东嘎村
拉萨市城关区夺底乡维巴村
林芝市巴宜区林芝镇立定村
拉萨市曲水县曲水镇俊巴村
昌都市江达县同普乡夏乌村
拉萨市城关区娘热乡加尔西村
阿里地区普兰县普兰镇科迦村
山南市桑日县增期乡雪巴村
日喀则市亚东县下亚东乡夏日村
昌都市芒康县纳西民族乡觉龙村
阿里地区札达县托林镇扎布让村
山南市错那县勒布乡勒村
日喀则市仁布县切瓦乡嘎布久嘎村
山南市乃东区昌珠镇扎西曲登社区

陕西省

西安市长安区王曲街道南堡寨村
宝鸡市眉县汤峪镇汤峪村
延安市延川县文安驿镇梁家河村
咸阳市泾阳县安吴镇龙源村
安康市石泉县后柳镇中坝村
商洛市丹凤县棣花镇棣花社区
铜川市印台区金锁关镇何家坊村
渭南市潼关县太要镇秦王寨社区
渭南市临渭区桥南镇天刘村
咸阳市旬邑县张洪镇西头村

汉中市佛坪县长角坝镇沙窝村
汉中市汉台区河东店镇花果村
安康市宁陕县筒车湾镇七里村
铜川市宜君县哭泉镇淌泥河村
宝鸡市凤县红花铺镇永生村
渭南市华阴市孟塬镇司家村
汉中市勉县勉阳街道天荡山社区
商洛市洛南县四皓街道南沟社区
杨凌示范区杨陵区五泉镇王上村
渭南市华阴市华山镇仙峪口村
榆林市绥德县满堂川镇郭家沟村
韩城市板桥镇王村
商洛市柞水县小岭镇金米村

甘肃省

临夏回族自治州临夏市南龙镇马家庄村
陇南市康县王坝镇何家庄村
平凉市泾川县汭丰镇郑家沟村
陇南市康县岸门口镇街道村（朱家沟）
兰州市皋兰县什川镇上车村
张掖市肃南裕固族自治县康乐镇榆木庄村
临夏回族自治州临夏县北塬镇钱家村
敦煌市月牙泉镇杨家桥村
张掖市甘州区长安镇前进村
酒泉市肃州区泉湖镇永久村
天水市秦州区玉泉镇李官湾村
庆阳市宁县瓦斜乡永吉村
嘉峪关市峪泉镇黄草营村
甘南藏族自治州迭部县达拉乡高吉村
武威市天祝藏族自治县大红沟镇大红沟村

金昌市金川区宁远堡镇龙景村
陇南市两当县杨店镇灵官村
甘南藏族自治州迭部县电尕镇谢协村
张掖市山丹县李桥乡高庙村
白银市景泰县喜泉镇大水磅村

青海省

海东市民和回族土族自治县古鄯镇山庄村
黄南藏族自治州尖扎县昂拉乡德吉村
西宁市湟源县和平乡小高陵村
海北藏族自治州门源回族自治县仙米乡桥滩村
海东市循化撒拉族自治县查汗都斯乡红光村
海北藏族自治州门源回族自治县珠固乡东旭村
西宁市湟中区拦隆口镇卡阳村
海南藏族自治州贵德县尕让乡松巴村
西宁市湟中区李家山镇柳树庄村
海西蒙古族藏族自治州格尔木市郭勒木德镇红柳村
海南藏族自治州贵德县河阴镇红柳滩村
海东市民和回族土族自治县官亭镇喇家村
海南藏族自治州贵德县尕让乡二连村
黄南藏族自治州泽库县和日镇和日村
玉树藏族自治州治多县立新乡叶青村
海东市互助土族自治县南门峡镇磨儿沟村
海北藏族自治州门源回族自治县东川镇麻当村
海北藏族自治州祁连县八宝镇白杨沟村
海东市互助土族自治县五十镇班彦村
西宁市湟源县申中乡前沟村

宁夏回族自治区

银川市西夏区镇北堡镇华西村

固原市泾源县泾河源镇冶家村
银川市西夏区镇北堡镇昊苑村
固原市隆德县温堡乡新庄村
吴忠市青铜峡市叶盛镇地三村
银川市贺兰县常信乡四十里店村
固原市隆德县神林乡辛平村
吴忠市利通区东塔寺乡石佛寺村
中卫市中宁县石空镇倪丁村
固原市西吉县将台堡镇毛沟村
固原市泾源县大湾乡杨岭村
石嘴山市惠农区礼和乡银河村
石嘴山市惠农区红果子镇马家湾村
固原市彭阳县城阳乡杨坪村
固原市原州区河川乡寨洼村
吴忠市盐池县花马池镇曹泥洼村
中卫市中宁县石空镇太平村
固原市隆德县观庄乡前庄村
石嘴山市平罗县黄渠桥镇黄渠桥村
中卫市沙坡头区迎水桥镇北长滩村

新疆维吾尔自治区

阿勒泰地区喀纳斯景区禾木哈纳斯蒙古族乡哈纳斯村
伊犁哈萨克自治州新源县那拉提镇阿尔善村
巴音郭楞蒙古自治州和静县巴音布鲁克镇巴西里格村
昌吉回族自治州木垒哈萨克自治县英格堡乡月亮地村
阿克苏地区新和县依其艾日克镇加依村
伊犁哈萨克自治州霍城县芦草沟镇四宫村
和田地区洛浦县恰尔巴格乡阔恰艾日克村
克孜勒苏柯尔克孜自治州阿克陶县奥依塔克镇奥依塔克村
巴音郭楞蒙古自治州尉犁县兴平镇达西村

喀什地区泽普县国营林场长寿村
阿克苏地区温宿县柯柯牙镇塔格拉克村
阿勒泰地区富蕴县可可托海镇塔拉特村
和田地区于田县达里雅布依乡达里雅布依村
阿克苏地区拜城县康其乡阿热勒村
昌吉回族自治州阜康市城关镇山坡中心村
巴音郭楞蒙古自治州博湖县乌兰再格森乡乌图阿热勒村
巴音郭楞蒙古自治州博湖县才坎诺尔乡拉罕诺尔村
喀什地区岳普湖县岳普湖乡喀拉玉吉买村
和田地区和田市吉亚乡阔恰村
伊犁哈萨克自治州昭苏县昭苏镇吐格勒勤布拉克村
喀什地区莎车县米夏镇夏玛勒巴格村
昌吉回族自治州吉木萨尔县北庭镇古城村
博尔塔拉蒙古自治州温泉县扎勒木特乡博格达尔村
喀什地区喀什市帕哈太克里乡尤喀尔克喀库拉村

新疆生产建设兵团

第十二师西山农牧场 2 连（烽火台小镇）
第十师北屯市 185 团 2 连
第十师北屯市 185 团 1 连
第十二师头屯河农场 3 连
第一师阿拉尔市 10 团 5 连
第八师石河子市 121 团 7 连
第九师 161 团 6 连
第四师可克达拉市 76 团 1 连
第九师 165 团 4 连
第五师双河市 83 团 1 连
第四师可克达拉市 71 团 7 连
第十三师红星一场 3 连
第十师北屯市 188 团 4 连

第五师双河市86团22连
第十三师红星二场3连
第四师可克达拉市62团3连
第十二师104团畜牧连

第三批

北京市

密云区古北口镇司马台村
延庆区旧县镇盆窑村
平谷区金海湖镇将军关村
房山区大石窝镇王家磨村
门头沟区清水镇洪水口村
怀柔区汤河口镇庄户沟门村

天津市

蓟州区穿芳峪镇东水厂村
蓟州区下营镇前干涧村
津南区北闸口镇前进村
北辰区青光镇韩家墅村
宁河区板桥镇盆罐庄村

河北省

邯郸市武安市淑村镇白沙村
张家口市张北县小二台镇德胜村
石家庄市平山县西柏坡镇北庄村
衡水市故城县房庄镇吴梧茂村
邢台市内丘县侯家庄乡岗底村
承德市隆化县七家镇温泉村

邢台市宁晋县贾家口镇黄儿营西村

山西省

太原市娄烦县静游镇峰岭底村
忻州市偏关县老牛湾镇老牛湾村
阳泉市盂县孙家庄镇王炭咀村
晋中市寿阳县宗艾镇下洲村
长治市平顺县石城镇岳家寨村
临汾市永和县乾坤湾乡东征村
运城市河津市清涧街道龙门村

内蒙古自治区

赤峰市松山区大庙镇小庙子村
呼和浩特市和林格尔县新店子镇胶泥湾村
兴安盟阿尔山市明水河镇西口村
呼伦贝尔市鄂温克族自治旗巴彦塔拉达斡尔民族乡伊兰嘎查
乌兰察布市兴和县店子镇卢家营
巴彦淖尔市杭锦后旗双庙镇太荣村

辽宁省

锦州市凌海市温滴楼镇边墙子村
朝阳市凌源市大王杖子乡宫家烧锅村
辽阳市辽阳县刘二堡镇前杜村
营口市鲅鱼圈区芦屯镇小望海村
葫芦岛市兴城市三道沟满族乡头道沟村

吉林省

长春市双阳区太平镇小石村
吉林市桦甸市桦郊乡晓光村
延边朝鲜族自治州龙井市智新镇明东村

白山市长白朝鲜族自治县马鹿沟镇果园民俗村
通化市东昌区金厂镇夹皮沟村
白城市通榆县向海蒙古族乡向海村

黑龙江省

齐齐哈尔市梅里斯达斡尔族区雅尔塞镇哈拉新村
牡丹江市穆棱市下城子镇孤榆树村
佳木斯市同江市八岔赫哲族乡八岔村
大庆市林甸县四合乡联合村
黑河市爱辉区瑷珲镇外三道沟村
伊春市铁力市工农乡北星村

上海市

青浦区金泽镇莲湖村
金山区漕泾镇水库村
嘉定区安亭镇向阳村
宝山区月浦镇聚源桥村
崇明区新河镇井亭村

江苏省

南京市浦口区永宁街道大埝社区
苏州市吴中区越溪街道旺山村
徐州市沛县大屯街道安庄社区
盐城市东台市弶港镇巴斗村
扬州市邗江区方巷镇沿湖村
泰州市高港区白马镇陈家村
宿迁市宿城区耿车镇刘圩村

浙江省

杭州市余杭区径山镇小古城村

湖州市吴兴区妙西镇妙山村
绍兴市柯桥区湖塘街道香林村
金华市武义县俞源乡俞源村
舟山市定海区马岙街道马岙村
台州市天台县街头镇后岸村
丽水市云和县赤石乡赤石村

安徽省

黄山市徽州区潜口镇唐模村
滁州市南谯区施集镇井楠村
芜湖市芜湖县六郎镇官巷村
池州市青阳县朱备镇将军村
安庆市岳西县河图镇南河村
淮北市杜集区矿山集街道南山村
蚌埠市怀远县龙亢镇龙亢村

福建省

泉州市晋江市新塘街道梧林社区
宁德市福鼎市磻溪镇赤溪村
漳州市华安县高安镇坪水村
三明市沙县区夏茂镇俞邦村
龙岩市永定县湖坑镇南江村
福州市平潭综合实验区君山镇磹水村

江西省

赣州市于都县梓山镇潭头村
上饶市婺源县思口镇思溪村延村
赣州市瑞金市叶坪镇华屋村
九江市庐山市白鹿镇秀峰村
景德镇市浮梁县瑶里镇五华村

抚州市黎川县德胜镇德胜村
南昌市新建区溪霞镇店前村

山东省

济南市莱芜区雪野街道房干村
日照市岚山区岚山头街道官草汪村
济宁市曲阜市尼山镇鲁源村
烟台市蓬莱市大辛店镇木兰沟村
淄博市高青县常家镇蓑衣樊村
青岛市崂山区王哥庄街道晓望社区
潍坊市临朐县嵩山生态旅游发展服务中心淹子岭村

河南省

郑州市巩义市小关镇南岭新村
郑州市巩义市大峪沟镇海上桥村
洛阳市嵩县车村镇天桥沟村
焦作市修武县西村乡大南坡村
濮阳市清丰县双庙乡单拐村
信阳市浉河区浉河港郝家冲村
周口市西华县红花集镇龙池头村

湖北省

襄阳市襄城区尹集乡姚庵村
宜昌市远安县花林寺镇龙凤村
荆州市松滋市洈水镇樟木溪村
孝感市孝昌县小悟乡田堂村
黄冈市罗田县骆驼坳镇燕窝垸村
咸宁市通城县大坪乡内冲瑶族村
随州市广水市武胜关镇桃源村

湖南省

湘西土家族苗族自治州凤凰县麻冲乡竹山村
怀化市溆浦县统溪河镇穿岩山村
邵阳市洞口县罗溪瑶族乡宝瑶村
娄底市新化县吉庆镇油溪桥村
衡阳市珠晖区茶山坳镇堰头村
常德市津市市金鱼岭街道大关山村
张家界市永定区王家坪镇马头溪村

广东省

广州市从化区城郊街西和村
肇庆市封开县江口街道台洞村
惠州市惠阳区秋长街道周田村
汕头市潮南区陇田镇东华村
中山市中山市南朗镇左步村
湛江市徐闻县角尾乡放坡村
潮州市潮安区凤凰镇叫水坑村

广西壮族自治区

柳州市融水苗族自治县香粉乡雨卜村
桂林市兴安县华江瑶族乡龙塘江村
浦北县北通镇那新村
百色市凌云县伶站瑶族乡浩坤村
贺州市昭平县黄姚镇北莱村
河池市南丹县里湖瑶族乡朵努社区
来宾市金秀瑶族自治县金秀镇六段村

海南省

琼海市博鳌镇莫村村留客村

万宁市兴隆华侨农场57队
儋州市儋州市中和镇七里村
昌江黎族自治县王下乡大炎村浪论村
文昌市潭牛镇大庙村

重庆市

万州区长岭镇安溪村
九龙坡区铜罐驿镇英雄湾村
江津区先锋镇保坪村
巫山县竹贤乡下庄村
奉节县兴隆镇回龙村
潼南区崇龛镇明月社区

四川省

成都市邛崃市平乐镇花楸村
乐山市金口河区永和镇胜利村
宜宾市翠屏区李庄镇高桥村
广安市岳池县白庙镇郑家村
雅安市石棉县安顺场镇安顺村
眉山市青神县青竹街道兰沟村
阿坝藏族羌族自治州小金县四姑娘山镇长坪村

贵州省

毕节市黔西县新仁苗族乡化屋村
六盘水市水城县米箩镇俷么村
安顺市平坝县夏云镇小河湾村
贵阳市开阳县禾丰乡马头村
遵义市湄潭县鱼泉街道新石社区
黔东南苗族侗族自治州锦屏县敦寨镇雷屯村
黔南布依族苗族自治州龙里县龙山镇龙山社区

云南省

大理白族自治州鹤庆县草海镇新华村
丽江市玉龙纳西族自治县拉市镇均良村
玉溪市澄江市龙街镇禄充社区禄充村
临沧市双江拉祜族佤族布朗族傣族自治县沙河乡允俸村
西双版纳傣族自治州勐海县打洛镇曼掌村
曲靖市宣威市东山镇芙蓉村
文山壮族苗族自治州丘北县双龙营镇普者黑村

西藏自治区

日喀则市定结县琼孜乡牧村
日喀则市亚东县帕里镇四居委
山南市洛扎县色乡色村
山南市洛扎县拉郊乡拉郊村
林芝市米林县南伊珞巴民族乡南伊村

陕西省

西安市鄠邑区石井街道办蔡家坡村
宝鸡市金台区金河镇周家庄村
渭南市合阳县黑池镇南社社区
汉中市南郑县汉山街道办事处汉山村
商洛市山阳县法官镇法官庙村
延安市宝塔区万花山镇佛道坪村

甘肃省

兰州市榆中县小康营乡浪街村
定西市渭源县田家河乡元古堆村
武威市凉州区高坝镇蜻蜓村
白银市白银区水川镇顾家善村

临夏回族自治州康乐县八松乡纳沟村
庆阳市庆城县庆城镇药王洞村

青海省

西宁市大通回族土族自治县朔北藏族乡东至沟村
海东市化隆回族自治县群科镇安达其哈村
黄南藏族自治州同仁县扎毛乡扎毛村
海东市乐都区高庙镇新庄村
海南藏族自治州贵德县河西镇团结村

宁夏回族自治区

吴忠市青铜峡市大坝镇韦桥村
吴忠市红寺堡区红寺堡镇弘德村
石嘴山市平罗县高仁乡六顷地村
中卫市中宁县余丁乡黄羊村
固原市隆德县凤岭乡李士村

新疆维吾尔自治区

阿勒泰地区哈巴河县铁热克提乡白哈巴村
阿勒泰地区吉木乃县托斯特乡塔斯特村（石头村）
伊犁哈萨克自治州新源县那拉提镇拜依盖托别村
昌吉回族自治州昌吉市六工镇十三户村
克拉玛依市乌尔禾区乌尔禾镇查干草村
吐鲁番市高昌区葡萄镇巴格日社区

新疆生产建设兵团

第一师阿拉尔市 16 团 1 连
第二师铁门关市 27 团 1 连
第六师五家渠市红旗农场 11 连
第九师 161 团 8 连

第十四师昆玉市皮山农场1连

（本名单由文化和旅游部、国家发展改革委分别以文旅资源发［2019］95号、［2020］56号、［2021］88号文件发布）

参考文献 REFERENCES

[1] 罗凯，2007. 农业美学初探［M］. 北京：中国轻工业出版社.

[2] 罗凯，2015. 美丽乡村之农业设计［M］. 北京：中国农业出版社.

[3] 中国社会科学院语言研究所词典编辑室，2004. 现代汉语词典（2002年增补本）［M］. 北京：商务印书馆.

[4] 党红梅，2016. 汤显祖的贵生观［M］. 哈尔滨：黑龙江人民出版社.

[5] 黄东光，1999. 荔枝丰产栽培技术［M］. 广州：广东高等教育出版社.

[6] 罗凯，2010. 浅谈村庄设计学科的构建与方法［J］. 特区农垦企业（12）：16－18.

[7] 罗凯，2015. 农业美学视角下的未来“三农”［A］//陈文胜，李昌平. 城乡发展一体化与农村改革. 北京：中共中央党校出版社：279－283.

[8] 罗凯，2006. 关于把徐闻县曲界镇建成菠萝文化镇的建议［J］. 广东农学通报（3）：6－7.

[9] 罗凯，2018. 谈谈村庄布局设计［A］//农业农村部人力资源开发中心，中国农学会，中国农业科学院. 第十八届中国农业园区年会论文集［C］. 杭州：188－199.

[10] 罗凯，2018. 谈谈村庄文化设计［A］//华南农业大学，中国农业历史学会. 农耕文明与乡村文化振兴学术研讨会论文集［C］. 广州：237－246.

[11] 杨名，2013. 都市美丽乡村　农民幸福家园　休闲农业“五朵金花”让乡村更美丽——南京市江宁区休闲农业“五朵金花”示范村建设的成功经验和启示［A］//农业部农村社会事业发展中心，江苏省南京市高淳区人民政府. 2013中国（高淳）休闲农业与美丽乡村建设系列活动论文集［C］. 北京：中国言实出版社：76－82.

[12] 赵峰，李莉，2018. 实现枣庄乡村振兴，林业如何发挥作用——林业对

枣庄乡村振兴功能作用思考［A］//华南农业大学，中国农业历史学会.农耕文明与乡村文化振兴学术研讨会论文集［C］.广州：15-18.

［19］深圳市海上田园旅游发展有限公司，2016.海上田园［EB/OL］. https://baike.so.com/doc/5335753-5571192.html，2016-02-17.

［20］中国江苏网，2012.泰州兴化成为全国首家中国小说之乡［BE/OL］. http：//jiangsu.sina.com.cn/city/csgz/2012-04-23/21854.html，2012-04-23.